# Adobe Illustrator
## 规范化科研绘图

张霞 霍金龙 著

清华大学出版社

北京

内 容 简 介

本书系统介绍了 Adobe Illustrator 软件的使用。通过对本书以及对应的视频学习,读者可熟练掌握 Adobe Illustrator 2022 的操作。本书主要以生物学、医学、农学等科研案例为切入点,循序渐进,从初级到高级,从部件学习到整体绘制,深入浅出逐渐讲解 Adobe Illustrator 软件的实际操作。对于 Adobe Illustrator 软件的讲解,本书不求全面,但求实用,可为广大科研工作者助力,快速解决高质量矢量图的绘制问题。

本书结构清晰,语言简练,具有很强的实用性和可操作性,是一本适用于广大科研工作者以及研究生自学的参考书。

**图书在版编目(CIP)数据**

Adobe Illustrator 规范化科研绘图/张霞,霍金龙著. —北京:清华大学出版社,2024.5(2025.1重印)
ISBN 978-7-302-66224-2

Ⅰ.①A… Ⅱ.①张… ②霍… Ⅲ.①图形软件 Ⅳ.①TP391.412

中国国家版本馆 CIP 数据核字(2024)第 096766 号

责任编辑:王 芳
封面设计:刘 键
责任校对:郝美丽
责任印制:杨 艳

出版发行:清华大学出版社
    网  址:https://www.tup.com.cn,https://www.wqxuetang.com
    地  址:北京清华大学学研大厦 A 座    邮  编:100084
    社 总 机:010-83470000       邮  购:010-62786544
    投稿与读者服务:010-62776969,c-service@tup.tsinghua.edu.cn
    质量反馈:010-62772015,zhiliang@tup.tsinghua.edu.cn
    课件下载:https://www.tup.com.cn,010-83470236
印 装 者:大厂回族自治县彩虹印刷有限公司
经  销:全国新华书店
开  本:170mm×230mm  印  张:10.25    字  数:194 千字
版  次:2024 年 7 月第 1 版      印  次:2025 年 1 月第 2 次印刷
印  数:1501~2700
定  价:69.00 元

产品编号:102766-01

前　言

　　本人于 2015 年在云南农业大学霍金龙教授的指导下，开始接触 Adobe
Illustrator 软件，幸运地用到了该软件实质性功能更新的一版 Illustrator CC 2015，
从此，开始了探索之路。本书主要使用的是 Adobe Illustrator 2022 版。使用
Adobe Illustrator 作图，从手足无措到如鱼得水，从谈"图"色变到兴趣浓厚，从初
学、自学到编撰书籍，已经过去了八个年头。这 8 年来，已对 Adobe Illustrator 产
生了深厚的情感，已融入血液，深入骨髓和细胞。在此，特别感谢这款软件陪伴我
度过了充实忙碌的硕博生涯，它是我消沉、迷茫时的调味剂，这段岁月也因有
Adobe Illustrator 而让我更加信心满满，阳光积极。相信在未来的职业生涯中，
Adobe Illustrator 一定会持续陪伴我左右！

　　一图抵千言！图片的质量一直都是高质量期刊关注的重点，图文并茂是科研
成果的良好呈现。本书主要以生命科学、医学、农学等科研案例为基础，循序渐进、
深入浅出地从临摹到创作逐渐讲解 Adobe Illustrator 软件的应用。对于 Adobe
Illustrator 的讲解，本书不是最全面的，但一定是非常实用的。因为广大科研工作
者，绝大部分都存在时间紧、任务重的情况，快速、高效的创作是我们追求的目标。

　　本书共 6 章，主要内容如下。第 1 章介绍 Adobe Illustrator 2022 的基础知识，
包括认识工作界面、菜单栏、工具栏、状态栏和属性栏，文档的新建和存储，标尺和
参考线的应用等。第 2 章介绍工具栏中重要且常用于科研作图中的工具，包括选
择工具、曲率工具、矩形工具、剪刀工具、渐变工具、宽度工具、画板工具、直接选择
工具、旋转工具、吸管工具和抓手工具等。第 3 章介绍文字编辑，包括文本创建、文
本选择、字符格式设置和段落格式设置。第 4 章介绍实验图片的排版组合，包括线
图和照片图。第 5 章介绍一些特殊元素的绘制方法，包括 DNA 双螺旋、细胞膜和
核膜、蛋白质、抗体、核小体的绘制。第 6 章介绍临摹到创作的机理图绘制，通过几
个实例介绍机理图的临摹和摘要图的创作。

　　本书提供配套视频讲解以及相关素材资料，视频是由编者操作并录制的。

　　本书的出版得到了国家自然科学基金委、山西省教育厅、山西省科技厅、吕

梁市科技局、吕梁学院的资助，也是编著人员研究成果的结晶。在本书的撰写与修订过程中，得到了一些老师和同学的大力支持和帮助，在此表示衷心的感谢！

　　限于编者的知识结构和业务水平，加上计算机科学技术和生物科学技术发展迅猛、日新月异，学科间的交叉融合不断加强，先进的技术不断涌现，创新的成果层出不穷，书中不足之处在所难免，恳请各位读者和同行专家批评指正、不吝赐教，以便再版时予以补充和修订。

张　霞

2023 年 12 月

# 目录

# 第1章

# Adobe Illustrator简介

本章主要讲解 Adobe Illustrator 2022 的一些基础知识,包括工作界面、菜单栏、工具栏、状态栏和属性栏的认识,文档的新建和存储,以及标尺和参考线的应用等。通过学习本章内容,可熟悉 Adobe Illustrator 2022 的工作界面,掌握文档的基本操作,了解标尺和参考线的使用方法,熟悉这款制图软件的基本操作,并利用这些功能将多个图形元素添加到一个文档中,完成简单的绘图。

## 1.1 矢量图和位图的区别

在计算机中,图像都是以数字的方式进行记录和存储的,其类型大致分为矢量图图像和位图图像两种。这两种图像类型有着各自的优缺点,运用场合有所不同。矢量图像也叫向量式图像,它是以数字的方法记录图像的内容,是由一条条直线和曲线构成的,在填充颜色时,系统将按照指定的颜色沿曲线的轮廓边缘进行着色处理。矢量图像的优点是,图像的颜色与分辨率无关,图形被缩放时,对象能够维持原有的清晰度以及弯曲度,颜色和外形也都不会发生任何偏差和变形。缺点是无法表现细微的颜色变化和细腻的色调过渡效果,而且使用不同软件,因其存储格式不同,在不同软件之间比较难以转换和编辑。但是在科研论文中,矢量图更受科研工作者、出版社和读者的喜爱,因为对图片进行任意比例的缩小或者放大,丝毫不影响图片的分辨率,可以满足几乎所有期刊的要求。图 1-1 所示是矢量图像放大或者缩小的显示状态。

位图图像是由许多点组成的,每一个点即为一个像素,每一个像素都有明确的颜色。Photoshop 和其他常规绘图及图像编辑软件产生的图像基本上都是位图图

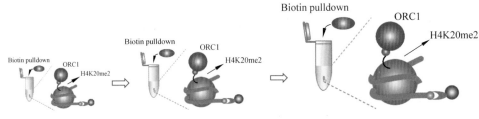

图 1-1　矢量图

像。位图图像与分辨率有密切的关系,如果在屏幕上以较大的倍数放大显示,或以过低的分辨率进行打印,图像会出现锯齿状的边缘,丢失画面细节。图 1-2 所示是位图图像在不同比例下的显示状态,放大后明显失真,效果变差。但是位图图像弥补了矢量图像的某些缺陷,它能够制作出颜色和色调变化更为丰富的图像,同时可以很容易地在不同软件之间进行转换,但位图文件容量较大,对内存和硬盘的要求较高。

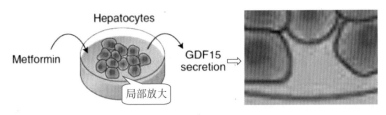

图 1-2　位图[1]

## 1.2　认识 Adobe Illustrator

　　Adobe Illustrator 是一款由 Adobe Systems 公司开发和发行的矢量绘图软件,广泛应用于平面设计、图标设计、包装设计、印刷出版、海报书籍排版、多媒体图像处理和网页的制作等领域。目前,随着科学技术的迅猛发展,科技论文质量要求越来越高,其中图片质量是非常重要的一项指标,Adobe Illustrator 也因此快速涌入科研工作者的视野。该款软件不仅可以方便绘制各种形状、复杂且色彩丰富的图形,而且可以进行图文混排,甚至可以绘制极具视觉效果的图形,备受科研工作者的青睐。

　　目前,Adobe Illustrator 的多个版本都拥有广大的用户群体,每个版本的升级都有性能提升和功能改进,但是在日常科研工作中并不一定要使用最新的版本。这是因为新版本虽然会有功能上的更新,但是对于设备的要求也会更高,在软件的运行过程中就可能会消耗更多的内存。所以,在用新版本时可能会感觉运行起来有点卡顿,操作反应较慢,这是比较正常的现象。对于一般科研工作者来说,可以考虑使用低版本的 Adobe Illustrator，比如 Illustrator CC 2015、Illustrator CS6 都比较稳定，除了一些小功能上的差别，几乎不影响正常工作。但是低版本软件对高版本的图像兼容性较差，会出现部分元素不识别而丢失的现象。本书使用的是 Adobe Illustrator 2022 版本。

"一图抵千言"，好的图片能够为科研论文增光添彩。*Nature* 是科学界普遍关注的、国际性、跨学科的周刊类科学杂志，是世界上历史悠久的、最有名望的科学杂志之一。在许多科学研究领域中，很多最重要、最前沿的研究结果都是以短讯的形式发表在该期刊上。该期刊论文要求图片必须是带有可编辑图层的矢量文件。可接受的图片格式包括：①实现完全可编辑矢量图片的 AI、EPS、PDF、PS、SVG 格式；②用于位图图像的 PSD、TIF、JPEG 或 PNG 格式。原文件如图 1-3 所示。由此看来，AI 格式的矢量图是符合期刊规定且最受欢迎的。

**Final Figure Submission Guidelines**

Should your manuscript be accepted, you will receive more extensive instructions for final submission of display items. However, a summary of our guidelines for final figure preparation are included here.

- Images should be saved in RGB color mode at 300 dpi or higher resolution.
- Use the same typeface (Arial, Helvetica or Times New Roman) for all figures. Use symbol font for Greek letters.
- We prefer vector files with editable layers. Acceptable formats are: .ai, .eps, .pdf, .ps, .svg for fully editable vector-based art; layered .psd or .tiff for editable layered art; .psd, .tif, .jpeg or .png for bitmap images; .ppt if fully editable and without styling effects; ChemDraw (.cdx) for chemical structures.
- Figures are best prepared at the size you would expect them to appear in print. At this size, the optimum font size is 8pt and no lines should be thinner than 0.25 pt (0.09 mm).

Display items that contain chemical structures should be produced using ChemDraw or a similar program. Our Style Guide describes our preferred formatting. Authors using ChemDraw should use our ChemDraw Template and submit the final files at 100% as .cdx files. All chemical compounds must be assigned a bold, Arabic numeral in the order in which the compounds are presented in the manuscript text.

**图 1-3　*Nature* 期刊对投稿图片的要求**

Adobe Illustrator 2022 具有强大的绘图功能，可提供多种绘图工具。比如可以使用几何图形工具绘制简单的图形，使用吸管工具吸取颜色和样式，用曲率工具描摹轮廓等。使用绘图工具绘制出基本图形后，可以进一步对其进行编辑、修改、美化等。另外，Adobe Illustrator 2022 还有效果、变换以及文字处理等功能，可以为图形增添一些视觉效果，使图形更加生动形象，表现力更强。Adobe Illustrator 2022 的工作界面主要包括菜单栏、工具栏、状态栏、属性栏、绘图区等部分，如图 1-4 所示。

## 1.2.1　菜单栏

Adobe Illustrator 的菜单栏包括很多菜单项，单击任何一项菜单项，在弹出的下拉菜单中选择所需命令，即可执行相应的操作，如图 1-5 所示。选择其中一个菜单，如【文件】菜单，就会出现相应的命令。命令右侧的字母组合代表该命令的键盘快捷键（在附录部分有主要快捷键汇总表），按下快捷键即可快速执行该命令，如图 1 6 所示。

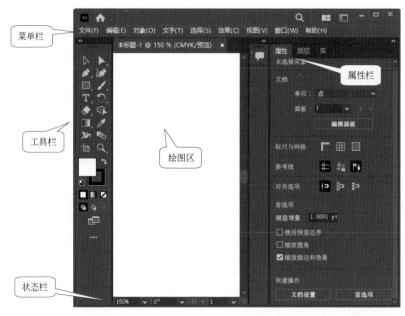

**图 1-4　Adobe Illustrator 2022 的工作界面**

**图 1-5　菜单栏**

**图 1-6　文件菜单栏及下拉命令**

### 1.2.2　工具栏

工具栏位于 Adobe Illustrator 工作界面的左侧,是非常重要的功能组件。其中包含 Adobe Illustrator 常用绘制、编辑和处理的操作工具图标,每个小图标都代表一种工具。由于工具箱大小的限制,许多工具并未直接显示在工具栏中,而是隐藏在工具箱中。图 1-7 显示了工具栏的所有工具。

在工具栏中,有的工具右下角显示一个黑色的三角形,表示这是一个工具箱,包含同一类型的多个工具。长按鼠标左键或者右击,就可以看到该工具箱中的所有工具,将光标移动到某个工具上,单击就可以选择该工具,如图 1-8 所示。

图 1-7　所有工具的显示

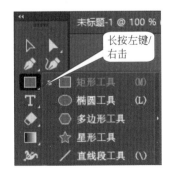

图 1-8　工具箱中的工具

如果想要更换工具组中的默认显示工具,可以按住 Alt 键,在工具栏中单击工具条就可执行其他隐藏工具的切换,如图 1-9 所示。

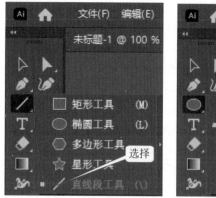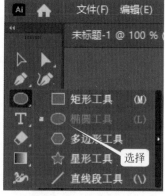

**图 1-9　切换工具箱中的默认工具**

另外,工具栏可以折叠显示或者展开显示,单击工具栏顶部的 ◀◀ 图标,可以将其折叠为单栏显示;单击 ▶▶ 图标,就可以还原为双栏显示。将光标放在工具栏顶端,可以随意拖动,置于用户操作方便的位置,如图 1-10 所示。

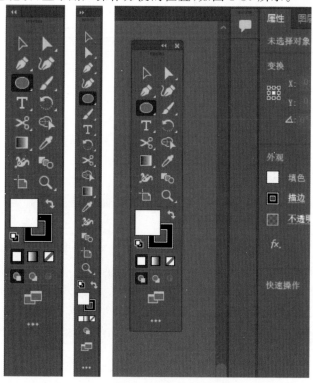

**图 1-10　工具栏单栏、双栏和不同位置显示方式**

### 1.2.3　状态栏

状态栏位于工作区绘图窗口的底部,用于显示当前图像的缩放比例、文本大小以及有关当前使用工具的简要说明等信息。在状态栏最左端的数值框中输入显示比例数值,然后按下 Enter 键,或者单击数值框右侧的倒三角按钮,从弹出的列表中选择显示比例即可改变绘图窗口的显示比例,如图 1-11 所示。在状态栏中,单击显示选项右侧的三角箭头按钮,从弹出的菜单中可以选择状态栏将显示的说明信息,如图 1-12 所示。状态栏中间一栏用于显示当前文档的画板数量,可以导航画板,如图 1-13 所示。

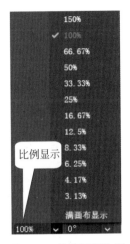

图 1-11　缩放画板比例

图 1-12　当前状态显示

图 1-13　画板数量搜索

### 1.2.4　属性栏

Adobe Illustrator 中的属性栏用来辅助工具栏中工具或者菜单的命令,对图形或者图像的编辑修改起重要作用。通过属性栏可以快速地访问、修改与所选对象相关的选项,如图 1-14 所示。当属性栏中的文本是链接状态时,可以单击相关的面板或者对话框,如图 1-15 所示,单击【描边】链接,可以显示【描边面板】。单击属性栏或者对话框以外的任何位置可将其关闭。

要完成图形对象的绘制,面板的应用是不可或缺的。面板主要用来配合绘图、颜色设置、对操作进行控制以及设置参数。在 Adobe Illustrator 2022 版本下,面板与属性整合在一起。Adobe Illustrator 中有很多面板,通过【窗口】菜单中的相应命令可以打开或者关闭所需面板。例如,选择【窗口】→【变换】,就可以打开所需面板,当然选中图形对象,右击也可以显示一部分面板,如图 1-16 所示。

图 1-14　属性栏

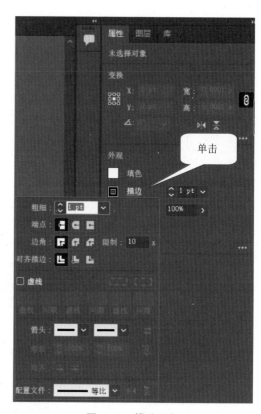

图 1-15　描边面板

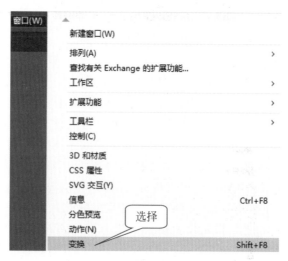

图 1-16　窗口菜单查找变换面板

在面板使用过程中,可以根据个人需要对面板进行自由的移动、拆分、组合、折叠等操作。将鼠标指针移动到面板标签上单击并按住向后拖动,即可将选中的面板设置到面板栏的后方。将鼠标指针放置在需要拆分的面板标签上单击并按住拖动,当出现蓝色突出显示的放置区域时,表示拆分的面板将放置在此区域。如果要组合面板,可以将鼠标指针放置在面板标签上单击并按住拖动至需要组合的面板中释放即可。

# 1.3　文档的使用

熟悉了 Adobe Illustrator 的操作界面后,就可进一步了解基本操作技能了。打开 Adobe Illustrator 后发现很多操作无法进行,是因为此时并没有可操作的文档,需要新建一个文档,或者打开已有文档。

## 1.3.1　新建文档

在 Adobe Illustrator 中创建一个新文档时,打开 Adobe Illustrator 软件界面,选择需要文档的大小,一般科研作图选用 A4 大小的画板即可,如图 1-17 所示。图 1-18 为建好的文档,快捷键为"Ctrl+N",这是进行作图的第一步。如果需要对文档进行设置,那么需要在创建之前进行"预设",单击即可,预设界面如图 1-19 所示。在设置选项中,可以编辑文档名称,文档宽度、高度以及宽度和高度的单位,文档的纸张方向等。"出血"是一种印刷业术语,是指超出版心部分印刷。版心是在排版过程中统一确定的文图所在的区域,上下左右都会留白(如 Word 的四个页边距就是留白),但是在纸质印刷品中,有时为了取得较好的视觉效果,会把文字或图片(大部分是图片)超出版心范围,覆盖到页面边缘,称为"出血图"。另外,高级选项中,颜色模式是作图过程中需要关注的一个参数,常使用 RGB 模式(详见 2.10 节)。将以上参数根据需要设置好之后,单击"确定"按钮即可创建一个 AI 格式的新文档。如果是正在操作过程中需要新建文档,那么在菜单栏选择【文件】→【新建】,如图 1-20 所示。

**图 1-17　打开 Adobe Illustrator 时创建文档**

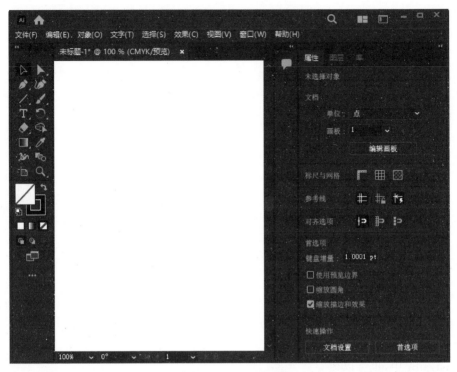

图1-18　已建好的文档

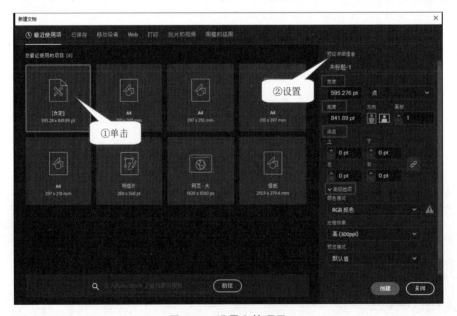

图1-19　设置文档项目

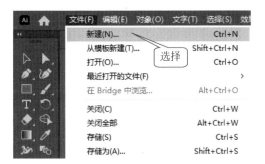

**图 1-20　进入 Adobe Illustrator 后新建文档**

## 1.3.2　置入文件

Adobe Illustrator 具有良好的兼容性，可以置入多种格式的图形文档进行编辑，也可以将 Adobe Illustrator 以其他合适图像格式导出，以供其他软件进一步编辑。置入文件是为了把其他应用程序中的文件导入 Adobe Illustrator 中进行编辑或者修改，置入的文档可以嵌入 Adobe Illustrator 中，也可以建立链接，减小文档大小。当需要将图片放入 Adobe Illustrator 进行修改、编辑或者描摹时，选择置入文件即可。选择【文件】→【置入】，快捷键是"Shift＋Ctrl＋P"。选择需要置入的图片，如图 1-21 所示。将 STRING

**图 1-21　置入文件**

网站生成的 SUN5 蛋白的相互作用蛋白网络（PPI）图（SVG 格式）置入已经建好的文档中，可以根据需要进行编辑和修改。如调整蛋白质名称的字体、字号和颜色，也可编辑蛋白所在的位置布局等，如图 1-22 所示。

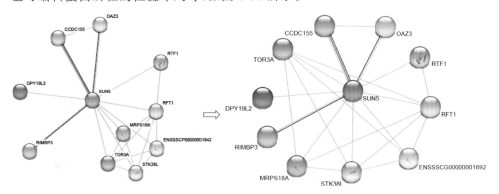

**图 1-22　SUN5 的相互作用蛋白初步结果以及 Adobe Illustrator 调整后结果**

另一种在 Adobe Illustrator 中打开图片方式,选择【文件】→【打开】,如图 1-23 所示。这种方式适合打开一个文件,即一张图片,如果要进行多张图片同时操作,用这种方式打开的文件是并排状态,不方便操

图 1-23　打开文件

作,如图 1-24 所示。此时可以选择"置入"打开方式,这样一个文档可以同时置入多个图片,并可在同一界面下进行多图片整体调整。

图 1-24　同时打开多个文件

### 1.3.3　存储文件

图片的存储格式一直是广大科研工作者以及编辑部和出版社所着重关注的一个环节,其核心是图片的分辨率问题。因为像素、格式、编辑或修改等的要求,总是让大家对图片的保存小心翼翼。Adobe Illustrator 可以做到随时编辑,随时修改,关键在于 Adobe Illustrator 格式的属性。在 Adobe Illustrator 中完成的图,默认存储为 AI 格式,即 Adobe Illustrator(＊.AI)。后期如需编辑加工,可以随时打开再次进行修改,选择【文件】→【存储/存储为】,快捷键是"Ctrl＋S/Shift＋Ctrl＋S",如图 1-25 所示,选择要存储的文件位置,单击"保存"按钮即可。如果在新建或者创建时没有对文档进行命名,在存储这一步也可以再次命名。

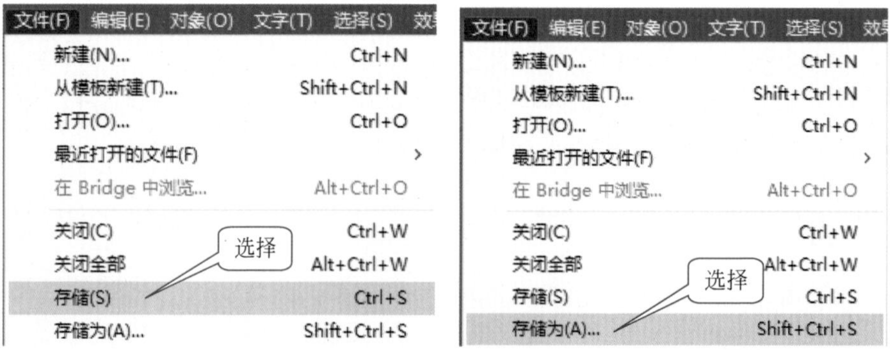

图 1-25　存储文件

当然也可以存储为其他矢量格式,如 Adobe PDF(＊.PDF)、Illustrator EPS(＊.EPS)、Illustrator Template(＊.AIT)、SVG(＊.SVG)、SVG 压缩(＊.SVGZ)等。

### 1. Adobe PDF

Adobe PDF(＊.PDF)格式是 Adobe 公司设计的,PDF 具有许多其他电子文档格式无法比拟的优点,这种文件格式可以将文字、字体、格式、颜色以及独立于设备和分辨率的图形图像等都封装在一个文件中。该格式文件还可以包含超文本链接、声音和动态影像等电子信息,支持特长文件,其集成度和安全可靠性都比较高。对普通读者而言,用 PDF 制作的电子文档具有纸版书的质感和阅读效果,显示大小也可任意调节,可提供较为个性化的阅读方式。

### 2. EPS

EPS(＊.EPS)也是 Illustrator 文件的一种格式,是桌面印刷系统普遍使用的通用交换格式中的一种综合格式。EPS 文件格式又被称为带有预视图像的 PS 格式,它是由一个 PostScript 语言的文本文件和一个可选分辨率的 PICT 或 TIFF 格式的图像组成。EPS 文件利用文件头信息可使其他应用程序将文件嵌入文档中。

### 3. AIT

AIT 文件是由 Adobe Illustrator(矢量图形绘图程序)创建的模板,它包含图形的默认内容、设置、图像和布局,AIT 文件用于创建多个具有相同样式和格式的 AI 图形文件。

### 4. SVG

SVG 的英文全称为 Scalable Vector Graphics,意思是可缩放的矢量图形。它是基于 XML(Extensible Markup Language),由 World Wide Web Consortium (W3C)联盟开发的。严格来说应该是一种开放标准的矢量图形语言,可以设计出激动人心的、高分辨率的 Web 图形页面。用户可以直接用代码来描绘图像,可以用任何文字处理工具打开 SVG 图像,通过改变部分代码来使图像具有交互功能,并可以随时插入到 HTML 中通过浏览器观看。比如在 1.3.2 节提到的 STRING 网站,该网站可以预测蛋白质之间的相互作用情况,图片就是以 SVG 格式保存下来,便于修改编辑。

实际绘图过程中,可根据需要选择上述矢量图形格式。

## 1.3.4　导出文件

有些应用程序不能打开 AI 格式的图片,可以在 Adobe Illustrator 中将图片导出为可以支持的文件格式。比如在投稿时,杂志社需要位图格式,则可以导出所要求的位图格式图片,选择【文件】→【导出】→【导出为】,选择需要的图片格式。Adobe Illustrator 软件可以导出的位图文件类型有以下几种。

**1. Autodesk RealDWG**

Autodesk RealDWG(＊.DXF)格式是 DWG 的 ASCII 格式变体。DWG 是计算机辅助设计软件 AutoCAD 以及基于 AutoCAD 的软件保存设计数据所用的一种专有文件格式。

**2. BMP**

BMP(＊.BMP)格式是 Windows 操作系统中的标准图像文件格式,它采用的是位映射存储格式,除了图像深度可选之外,无其他任何形式的压缩,因此 BMP 文件所占用的空间相对比较大一些。BMP 文件的图像深度可选 1 位、4 位、8 位及 24 位。BMP 文件存储数据时,图像的扫描方式遵循从左到右、从下到上的顺序。

由于 BMP 文件格式是 Windows 环境中交换与图有关的一种数据,因此在 Windows 环境中运行的图形图像软件都支持 BMP 图像格式。典型的 BMP 图像文件由四部分组成:

(1) 位图文件数据结构,包含 BMP 图像文件的类型、显示内容等信息;

(2) 位图信息数据结构,包含 BMP 图像的宽、高、压缩方式以及颜色定义等信息;

(3) 调色板,这个部分是可选的,有些位图需要调色板,有些位图,比如真彩色图(24 位的 BMP)就不需要调色板;

(4) 位图数据,这部分内容根据 BMP 位图使用的位数不同而不同,在 24 位图中直接使用 RGB,而其他的小于 24 位的需要使用调色板中颜色索引值。

**3. Macintosh PICT**

Macintosh PICT(＊.PCT)格式是苹果公司开发的使用 Apple QuickDraw 技术进行存储的图像。它包含 PICT 1(用于存储 8 颜色原始格式)或 PICT 2(用于支持数千种颜色,如 24 位和 32 位图像等较新格式)。PCT 格式文件支持光栅图像和矢量图像。

**4. JPEG**

JPEG(＊.JPG)的英文全称是 Joint Photographic Experts Group,是面向连续色调静止图像的一种标准压缩格式。JPEG 是最常用的图像文件格式,后缀为.jpg 或.jpeg[3]。主要是采用预测编码(DPCM)、离散余弦变换(DCT)以及熵编码的联合编码方式,以去除冗余的图像和彩色数据,属于有损压缩格式的一种,它能够将图像压缩在很小的存储空间,但一定程度上会造成图像数据的损伤,尤其是使用过高的压缩比例时,将使解压缩后恢复的图像质量降低,如果追求高品质图像,则不宜采用过高的压缩比例。JPEG 格式的压缩率是目前各种图像文件格式中最高的,它采用有损压缩的方式去除图像的冗余数据,但存在一定的失真。由于其高效的压缩效率和标准化要求,目前已广泛用于彩色传真、静止图像、电话会议、印刷及新闻图片的传送等。由于各种浏览器都支持 JPEG 图像格式,因此它也被广泛用于图像预览和制作 HTM 网页。

### 5. PNG

PNG(＊.PNG)的英文全称是 Portable Network Graphics,PNG 格式的图形属于便携式网络图形,是一种采用无损压缩算法的位图格式,具有支持索引、灰度、RGB 三种颜色方案以及 Alpha 通道等特性。PNG 使用从 LZ77 派生的无损数据压缩算法,一般应用于 Java 程序、网页或 S60 程序中。PNG 的优点是压缩比例较高,生成文件体积较小,可替代 GIF 和 TIFF 文件格式。

JPEG 和 PNG 这两种格式的图形有一定的区别和联系,JPEG 可以使照片图像生成更小的文件,这是由于 JPEG 采用了一种针对照片图像的特定有损编码方法,这种编码适用于低对比、图像颜色过渡平滑、噪声多且结构不规则的情况。如果在这种情况下用 PNG 代替 JPEG,文件尺寸会增大很多,但图像质量的提高却比较有限。反之,如果是保存文本、线条或类似的边缘清晰,或者有大块相同颜色区域的图像,PNG 格式的压缩效果就要比 JPEG 好很多,并且不会出现 JPEG 那样的高对比度区域的图像有损情况。如果图像既有清晰边缘,又有照片图像的特点,就需要在这两种格式之间权衡后再做选择。JPEG 不支持透明度,由于 JPEG 用的是有损压缩方式,会产生迭代有损,那么在重复压缩和解码的过程中就会不断丢失信息导致图像质量下降。由于 PNG 是无损的,对于保存将要被编辑的图像来说,相对更合适一些。虽然 PNG 压缩照片图像也是有效的,但相比专门针对照片图像设计的无损压缩格式,比如无损 JPEG 2000、Adobe DNG 等会更受欢迎一些。总的来说,这些格式都不能做到适用所有图像,需要具体图像具体分析。

### 6. Photoshop

Photoshop(＊.PSD),PSD 的英文全称是 Photoshop Document,是 Adobe 公司图像处理软件 Photoshop 的专用格式。这种格式可以存储 Photoshop 中所有的图层、通道、参考线、注解和颜色模式等信息。在保存图像时,若图像中包含有图层,则一般都用 Photoshop(＊.PSD)格式保存。PSD 格式在保存时会将文件压缩,以减少占用磁盘的存储空间,但 PSD 格式所包含图像数据信息较多,因此相比其他格式的图像文件占用空间会大很多。由于 PSD 文件能保留所有原始图像数据信息,所以修改起来较为方便,但很多排版软件不支持 PSD 格式的文件。

### 7. TIFF

TIFF(＊.TIF)的英文全称是 Tag Image File Format,TIFF 是一种灵活的位

图格式,主要用来存储包括照片和艺术图在内的图像,最初由 Aldus 公司与微软公司一起为 PostScript 打印开发。TIFF 与 JPEG 和 PNG 格式一样,也是流行的高位彩色图像格式。TIFF 格式在业界得到了广泛的支持,如 Adobe 公司的 Photoshop、The GIMP Team 的 GIMP、Ulead PhotoImpact 和 Paint Shop Pro 等图像处理应用,QuarkXPress 和 Adobe InDesign 的桌面印刷和页面排版应用,扫描、传真、文字处理、光学字符识别和其他一些应用等都支持这种格式。

PNG 与 TIFF 也有一定的区别和联系。TIFF 是一个很多方案结合的格式,它被广泛用于专业图像编辑软件之间图像交换的中间格式,因此它可以不断地支持更多应用程序所需的功能。TIFF 使用最通用的无损压缩算法 LZW,但本身也提供了一种特殊的无损压缩算法,对二值图像(比如传真或黑白文本)比 PNG 有更好的压缩效果。PNG 规范中不包含嵌入式 EXIF(可交换图像文件格式)图像数据的标准,比如数码相机拍得的图像。而 TIFF、JPEG 2000、DNG 都支持 EXIF。无论如何,JPEG 压缩都会导致图像的轻微模糊,而 PNG 可以做到在相应颜色深度下尽可能精确,同时保持图像文件不大。目前,PNG 已经渐渐成为一种对于小的梯度图像较好的选择,众多浏览器都支持 PNG 合适大小的图像[5]。

### 8. Targa

Targa(＊.TGA)的英文全称是 Truevision Advanced Raster Graphics Adapter,也可写为 TGA(Truevision Graphics Adapter)。这种图像格式是由 Truevision 公司创建,后来该公司制定了 TGA 文件格式的扩展格式,开发者可以依据其标准开发跨平台跨产品的兼容格式。TGA 文件格式可用于存储 8 位、15 位、16 位、24 位、32 位图像数据,支持 alpha 通道、颜色索引、RGB 颜色、灰度图、行程压缩算法、开发者自定义区、缩略图等。TGA 文件格式因其格式简单、易于实现,已被图形图像工业广泛使用。

### 9. Windows 图元文件

Windows 图元文件(＊.WMF)的英文全称是 Windows Metafile Format,是 Windows 中常见的一种图像文件格式,它具有文件短小、图案造型化的特点,整个图形常由各个独立的组成部分拼接而成,但其图形往往较粗糙。目前常见位图格式多为 JPEG、PNG 及 TIFF。

## 1.3.5  恢复、关闭文档

将文件还原到上次存储的版本,对一个文件进行一系列操作后,选择【文件】→【恢复】或者按快捷键 F12,可以直接将文件恢复到最后一次保存时的状态,如果在操作过程中,一直没有进行过存储操作,那么可以返回到刚打开文件时的状态。选择【文件】→【关闭】,对应的快捷键为"Ctrl＋W",可以关闭所选文件,也可以在文档窗口右上角单击"×"进行关闭。

# 1.4　标尺和参考线的使用

Adobe Illustrator 软件提供了多种非常方便快捷的辅助工具，其中标尺、参考线以及智能参考线使用频率较高，通过使用这些工具可以轻松制作出尺寸精确的对象和排列整齐的版面，可以更加精确地放置对象，高效便捷地绘制图片。

## 1.4.1　标尺

标尺用于度量和定位插图在窗口画板中的对象，在工作区中标尺是由水平标尺和垂直标尺组成的，通过使用标尺，可以测量出对象的大小与位置，还可以结合参考线创建和编辑对象。在默认状态下，标尺处于隐藏状态，选择【视图】→【标尺】→【显示标尺】，对应的快捷键为"Ctrl＋R"，文档的顶部和左侧就会出现标尺。如果需要隐藏标尺，可以再次选择【视图】→【标尺】→【隐藏标尺】，对应的快捷键仍为"Ctrl＋R"。在 Adobe Illustrator 中包含有两种标尺，分别是全局标尺和画板标尺。全局标尺显示在绘图窗口的顶部和左侧，默认标尺原点在窗口左上角。而画板标尺的原点则位于画板的左上角，并且选中不同画板时，画板标尺也会发生变化。全局标尺和画板标尺可以切换，如果需要全局标尺，选择【视图】→【标尺】→【更改为全局标尺】；如果需要画板标尺，选择【视图】→【标尺】→【更改为画板标尺】即可，默认情况下是画板标尺，如图 1-26 和图 1-27 所示，该图来自作者课题组在 *Animal Reproduction* 发表的文章。

如果需要更改标尺单位，则可以在显示标尺后，在标尺上右击，在弹出的选项卡中选择相应的单位，单击之后，标尺会随之发生变化。

每个标尺上显示 0 的位置称为标尺原点，如果需要更改标尺原点，将光标移动到标尺左上角，拖到所需的新标尺原点处。在拖动时，窗口和标尺中的十字线会指示不断变化的全局标尺原点，如图 1-28 所示。如果需要回复默认状态，双击左上角的标尺交汇处即可。

## 1.4.2　参考线

参考线可以帮助对齐文本和图形对象，可以创建垂直或者水平的标尺参考线，是一种很常用的辅助工具，在绘图中非常适用。尤其是需要对齐元素时，徒手移动较难控制，较难整齐排列，使用参考线移动对象时，会被自动吸附在参考线上，方便快捷。需要注意的是，参考线是一种只显示在图像上的虚拟线条，在保存或者打印时不会显示。

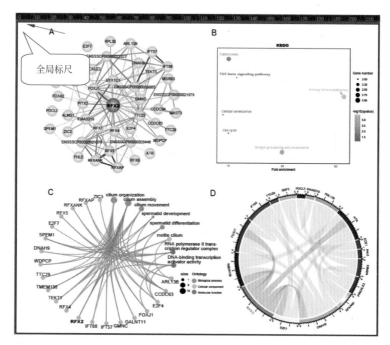

图 1-26　全局标尺

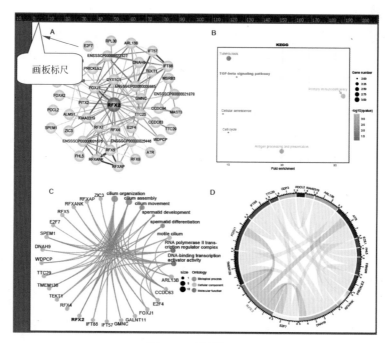

图 1-27　画板标尺

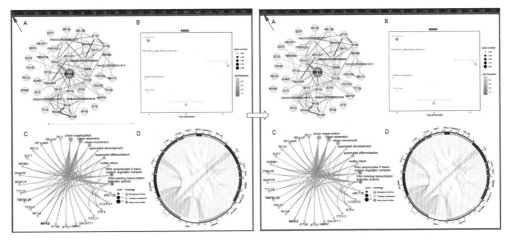

图 1-28　标尺原点的更改

　　将光标放在标尺上,按住鼠标左键向下或者向左拖曳,即可在画板上出现参考线。如绘制好的组蛋白,需要展示一排,那么需要将组蛋白排列整齐,在不使用对齐面板的情况下,可以使用参考线进行移动校正,如图 1-29 所示。

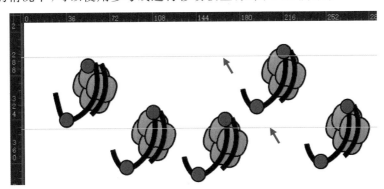

图 1-29　参考线的展示

　　如果需要移动参考线,选择【选择工具】,鼠标左键拖动即可。移动好之后,可以将参考线锁定,操作会更方便。右击参考线,锁定参考线,锁定之后,参考线即可固定在原来的位置,也可以选择【视图】→【参考线】→【锁定参考线】,对应的快捷键为"Alt+Ctrl+;"。如果操作完成,不需要参考线,那么可以右击参考线,隐藏参考线,即可隐藏,不再显示,便于后续操作,也可以选择【视图】→【参考线】→【隐藏参考线】,对应的快捷键为"Ctrl+;",如图 1-30 和图 1-31 所示。

### 1.4.3　智能参考线

　　智能参考线是创建或操作对象时自动显示的临时参考线,可以帮助参照其他

图 1-30　参考线的锁定

图 1-31　参考线的隐藏

对象来对齐、编辑和变换对象的位置。选择【视图】→【智能参考线】,即可启动智能参考线功能,对应的快捷键为"Ctrl＋U"。如在一排组蛋白下边继续作图,则需要绘制箭头,并且将箭头摆放在合适的位置,那么在移动箭头时就会出现粉色的参考线,即为智能参考线,帮助变换位置,如图 1-32 所示。对于参考线和智能参考线的颜色以及其他项目更改,可以选择【编辑】→【首选项】→【常规】进行设置,如图 1-33 所示。

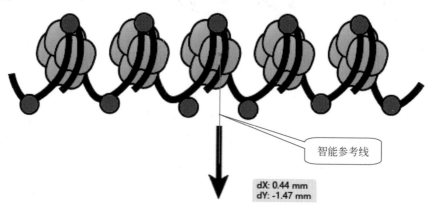

图 1-32　智能参考线的展示

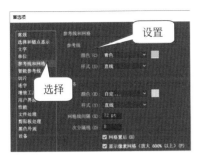

**图 1-33 参考线和智能参考线的设置**

## 本章小结

通过对本章的学习，应该了解图片格式以及期刊对图片的要求，熟悉 Adobe Illustrator 2022 的工作界面各个板块；掌握文档建立以及存储，并关注存储格式，巧妙使用标尺及智能参考线。本章高频率使用的快捷键如表 1-1 所示。

**表 1-1 快捷键对应表**

| 选 项 | 对应快捷键 |
| --- | --- |
| 【移动画板】 | 空格键＋鼠标左键 |
| 【放大/缩小画板】 | Alt＋鼠标滚轮上/下 |
| 【新建文档】 | Ctrl＋N |
| 【置入文件】 | Shift＋Ctrl＋P |
| 【存储文件】 | Ctrl＋S |
| 【恢复文档】 | F12 |
| 【关闭文档】 | Ctrl＋W |
| 【显示/隐藏标尺】 | Ctrl＋R |
| 【锁定参考线】 | Alt＋Ctrl＋； |
| 【隐藏参考线】 | Ctrl＋； |
| 【启动智能参考线】 | Ctrl＋U |

# 第2章

# Adobe Illustrator常用重要工具及使用

本章主要讲解 Illustrator 2022 工具栏中重要且常用于科研作图中的工具,包括选择工具、曲率工具、矩形工具、剪刀工具、渐变工具、宽度工具、画板工具、直接选择工具、旋转工具、吸管工具和抓手工具等,学会用这些工具绘制简单的几何图形。通过学习本章内容,可以比较轻松地掌握矩形、圆角矩形、正方形、椭圆、正圆、直线等的绘制方法,并且可以对这些基本几何图形进行剪切、填充颜色、旋转角度等多方面的设置和修饰。

## 2.1 选择工具

在使用所有工具或者面板之前,需要新建一个文档,选择【文件】→【新建】。新建文档的对话框中,文档的名称,画板数量,大小以及高级选项中的颜色模式和栅格效果均可以根据需要进行设置(详见 1.3.1 节)。选择工具可以用来选择单个或多个对象,使用该工具不仅可以选择矢量图,也同样适用位图、文字等对象的选择。只有被选中的对象才可以执行其他操作,如移动、复制、缩放、旋转、镜像、倾斜等。在使用 Adobe Illustrator 软件中,一定要切记一点,完成对某一对象的任何一项操作后,需要立即返回到选择工具,否则下一步操作无法正常进行。

### 2.1.1 选择一个对象

对一个对象的整体进行选取时,单击工具箱中的【选择工具】按钮,在被选择的对象上单击,即可选中相应的对象,选中的部件会出现路径指示线,如图 2-1 所示,该图为 DNA 双螺旋结构示意图,选中的位置是互补配对的碱基。"路径"是使用

绘图工具创建的任意形状的曲线,用它可勾勒
出物体的轮廓,所以也称为轮廓线。为了满足
绘图的需要,路径又分为开放路径和封闭路
径。Adobe Illustrator 中所有的矢量图都由路
径构成,路径是由贝赛尔曲线构成的一段闭合
或开放的曲线段。贝赛尔的方法是将函数无
穷逼近与集合表示结合起来,可使绘制曲线就

图 2-1　选中一个对象

像使用常规作图工具一样简单。绘制矢量图就是靠建立路径来进行编辑的,一条
路径由若干条线段组成,其中可能包含直线和各种曲线线段。另外,非矢量绘图工
具中,也存在"路径"这一概念。

## 2.1.2　加选多个对象

　　选择【选择工具】,先选中一个对象,按住 Shift 键的同时单击其他对象,就可以
将几个对象同时选中。继续按住 Shift 键,再次单击其他对象,仍然可以进行同时
选取。在被选中的对象上按住 Shift 键再次单击,可以取消选中,如图 2-2 所示。

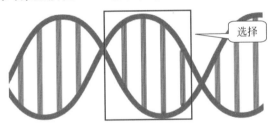

图 2-2　选中多个对象

## 2.1.3　框选多个对象

　　框选能够快速选择多个相邻对象,首先选择【选择工具】,按住鼠标左键拖动进
行框选,此时会显示一个"虚线框",如图 2-3 所示,松开鼠标左键,"虚线框"内的对
象会被选中。这里需要注意:在 Adobe Illustrator 软件中,框选到对象的任何一部
分内容,该对象即可被选中,无须框选对象的全部。

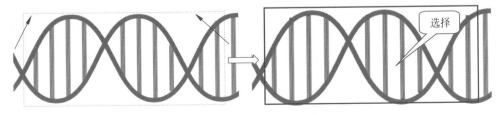

图 2-3　同时框选多个对象

### 2.1.4　移动所选对象

绘制好一个图形后,想要改变图形的位置,可以单击工具箱的【选择工具】,然后在目标对象上单击,即可选中该对象,如图2-4所示。该图为丝带立体DNA双螺旋结构示意图(绘制方法见5.1.3节),移动的对象是其中一条单链。选中后按住鼠标左键拖动,可以移动对象到任意位置。这也是Adobe Illustrator软件有别于其他绘图软件的重要一点。

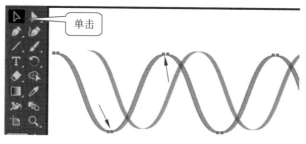

图 2-4　移动所选对象

### 2.1.5　删除多余图形

想要删除多余的图形,可以使用【选择工具】单击选中的图形,按Delete键即可删除,如图2-5所示,是一个滑面内质网示意图。

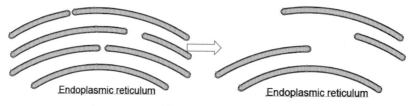

图 2-5　删除对象

## 2.2　曲率工具

曲率工具可简化路径的创建,使绘图变得简单、直观。使用该工具可以创建路径,还可以切换、编辑、添加或删除平滑点或角点,无须在不同的工具之间来回切换,即可快速准确地处理路径。按住Alt键可以创建角点,双击锚点,可以在平滑和角点之间转换。如果需要绘制一段开放的路径,选择曲率工具在路径上添加锚点即可,如需退出,可以按Esc键进行终止。科研工作者在制作示意图时,Adobe Illustrator是一款比较适合的软件,其中用到的最为方便快捷高效的工具就是曲率工具。如在百度或者谷歌浏览器中输入"小鼠"作为关键词搜索图片，选择一张适合的图片保存。将保存好的小鼠图片置入 Adobe Illustrator 中，如图 2-6 所示。

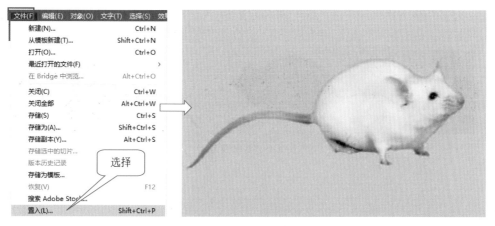

**图 2-6　置入文件**

　　置入之后，将图片拖曳到合适大小，锁定图片，对应的快捷键为"Ctrl＋2"。然后在工具栏中选择【曲率工具】，进行描摹轮廓。在操作时，注意选择前景色和背景色，只用描边即可，操作过程中根据小鼠的体型弧度多次停顿鼠标，即可获得由多个点连接成的小鼠的外部轮廓。另外，为了方便描绘细节，操作过程需要灵活将图片放大/缩小，对应的快捷键为"Alt＋鼠标滚轮

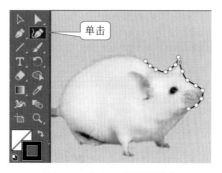

**图 2-7　曲率工具描摹轮廓**

上/下"，如图 2-7 所示。待轮廓全部描摹结束，立即回到【选择工具】，如图 2-8所示。

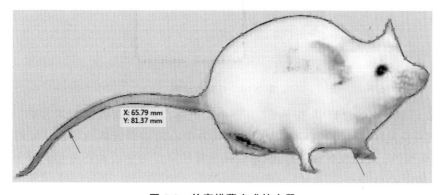

X: 65.79 mm
Y: 81.37 mm

**图 2-8　轮廓描摹完成的小鼠**

在工具箱中将填充和描边对调(单击右上角的双向直角箭头),此时,小鼠就只有黑色的填充而没有描边了,如图 2-9 所示。将绘制好的小鼠模型图调整为合适大小,即可嵌入科研组图中,可轻松把位图转变为矢量图,达到符合科技出版的要求。

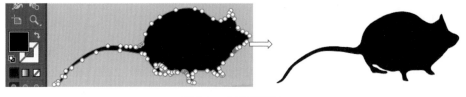

图 2-9 小鼠模型图

## 2.3 矩形工具

在 Illustrator 2022 版本中,矩形工具主要用于绘制长方形和正方形以及圆角矩形和圆角正方形,矩形元素在科研绘图中应用非常广泛。

### 2.3.1 矩形、正方形的绘制

单击工具箱中的矩形图标并选择【矩形工具】,在画板中按住鼠标左键拖曳,释放鼠标即可绘制出一个矩形,如图 2-10 所示。

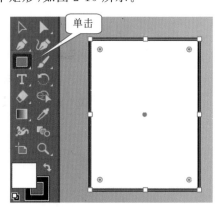

图 2-10 矩形的绘制

在绘制矩形的过程中,按住 Shift 键的同时拖曳鼠标,可以绘制正方形。按住 Alt 键拖曳鼠标,可以绘制以鼠标指针落点为中心向四周延伸的矩形。同时按住 Shift 键和 Alt 键拖曳鼠标,可以绘制以鼠标指针落点为中心的正方形。以上三种操作,如图 2-11 所示。

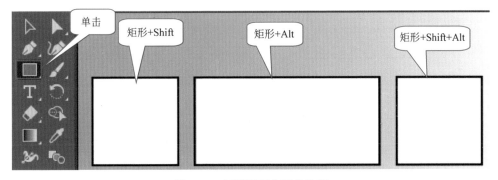

图 2-11　矩形及正方形的绘制

　　前面的绘制方法较为随意,如果想要绘制特定参数的矩形,可以选择工具箱中的【矩形工具】,在要绘制矩形对象的一个角点位置单击,在弹出的【矩形】选项卡中进行相应的设置,然后单击"确定"按钮,即可创建精确尺寸的矩形对象,如图 2-12所示。

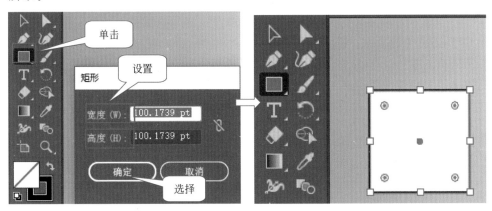

图 2-12　矩形的精确绘制

## 2.3.2　圆角矩形、圆角正方形的绘制

　　圆角矩形在科研绘图中应用非常广泛,因为圆角矩形不像直角矩形那样棱角锐利分明,给人一种圆润、柔和的感觉,更具亲和力,在科研作图中广受欢迎。在Illustrator 2022 版本的矩形工具箱没有圆角矩形工具,只能通过直角矩形获得,操作也比较简单。首先选择【矩形工具】,在绘图区绘制一个矩形,此时的矩形为直角矩形,画好后,松开鼠标,但不要单击其他位置,选中锚点,鼠标左键向矩形内拖动,即可呈现圆角矩形,拖动的幅度可决定圆角的角度,如图 2-13 所示。同样,绘制圆角正方形,选择【矩形工具】,按住 Shift 键,绘制直角矩形,【选择工具】选中锚点,按鼠标左键向矩形内拖动,即可呈现圆角正方形。

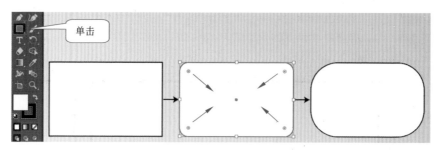

**图 2-13　圆角矩形的绘制**

如果使用经典的 Illustrator 2015 CC 版本（与 Illustrator 2022 版本的 logo 字体不一样），矩形工具箱中有【圆角矩形工具】，可以直接绘制出标准的圆角矩形对象或者圆角正方形对象。单击【圆角矩形工具】，在画板中按住鼠标左键拖曳，拖曳到合适大小松开鼠标，即可绘制出来，如图 2-14 所示。绘制圆角正方形时，同时按住 Shift 键拖曳即可。

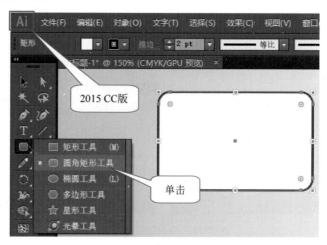

**图 2-14　Illustrator 2015 CC 版绘制圆角矩形**

如果想要绘制特定参数的圆角矩形，Illustrator 2015 CC 版本可以使用【圆角矩形工具】，在要绘制的地方单击，在弹出的对话框中进行相应的设置，即可绘制出精确的圆角矩形。可以定义圆角矩形的宽度、高度以及圆角半径，之后单击"确定"按钮，如图 2-15 所示。

### 2.3.3　椭圆和正圆的绘制

使用【椭圆工具】可以绘制椭圆和正圆。在矩形工具箱中找到【椭圆工具】并单击，在画板中按住鼠标左键拖曳，到合适的位置松开鼠标，即可绘制出一个椭圆，如图 2-16 所示。

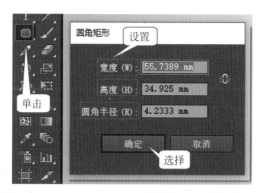

图 2-15　Illustrator 2015 CC 版圆角矩形的精确绘制

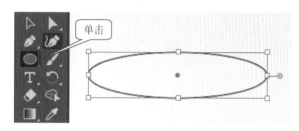

图 2-16　椭圆的绘制

　　想要绘制特定参数的椭圆，可以单击【椭圆工具】，在想要绘制的画板位置单击，即可弹出对话框，可以对椭圆的宽度和高度进行设置，之后单击"确定"按钮，即可绘制出精准的椭圆，如图 2-17 所示。

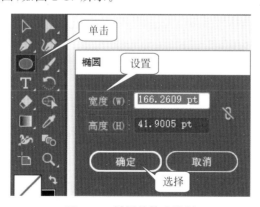

图 2-17　椭圆的精确绘制

## 2.3.4　多边形和正多边形的绘制

　　在矩形工具箱中，找到【多边形工具】并单击，在画板中按住鼠标左键拖动，松开鼠标即可获得一个多边形。如果想绘制三角形、四边形、五边形或者多边形,则可以在松开鼠标之前,同时按住键盘的向上箭头"↑"或者向下箭头"↓",增加或减少边的数量。另外,选择【多边形工具】,在画板合适的位置单击,在弹出的对话框中设置边数,也可以绘制不同边数的图形。如果想画出正多边形,则在松开鼠标之前,同时按住 Shift 键即可,如图 2-18 和图 2-19 所示。

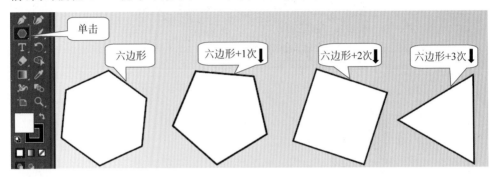

**图 2-18　多边形的绘制**

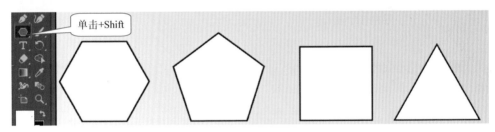

**图 2-19　正多边形的绘制**

## 2.3.5　星形工具及其精确尺寸、角点数绘制

在矩形工具箱中找到【星形工具】并单击,在画板合适的位置按住鼠标左键拖曳,释放鼠标即可获得一个星形。想要绘制特定参数的星形,选择星形工具,在要绘制星形对象的中心位置单击,在弹出的对话框进行设置,然后单击"确定"按钮,即可得到一个确定参数的星形,如图 2-20 所示。

如图 2-21 所示,从中心到星形焦点的距离为半径,"半径 1"与"半径 2"之间的数值差越大,星形的角越尖,"角点数"是用于定义星形的角的个数。

如果在图形中添加渐变(详见 2.5 节)颜色,即可增加立体效果,五角星可以绘制出平面效果和立体效果,如图 2-22 所示,第一个为饱满的具有立体效果的五角星,第二个则为平面效果的五角星,按住 Alt 键则可以互相转换。

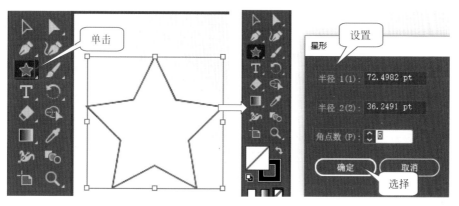

图 2-20  星形的精确绘制

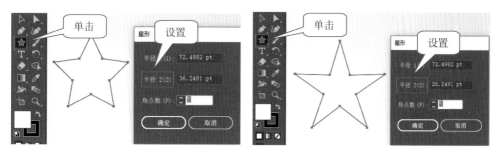

图 2-21  星形的参数设置

图 2-22  不同样式的渐变五角星

## 2.3.6  直线段的绘制

使用【直线段工具】可以绘制任意角度的直线,也可以配合快捷键Shift,鼠标左键斜角拖曳、竖直拖曳、横向拖曳,可以分别绘制出 45°、90°、180°的线条,如图 2-23 所示。配合描边宽度以及描边虚线的设置,可以绘制分割线、连接线、虚线等线条对象。单击【直线段工具】,在画板中线段开始的位置按下鼠标左键,确定路径的起点,然后按住鼠标左键拖动到另一个端点,释放鼠标,即可完成路径的绘制。如果要绘制精确长度和角度的直线,单击工具栏中的【直线段工具】,在画板中合适的位置单击,弹出【直线段工具选项】,在选项卡中设置长度和角度,即可绘制精确的直线段。如果勾选线段颜色,将以当前的描边颜色进行绘制,如图 2-24 和图 2-25 所示。在 Illustrator 2022 版本中,直线段工具被归属在矩形工具箱中,Illustrator 2015 CC 版本则为单独的工具箱,两个版本的具体操作是一样的。

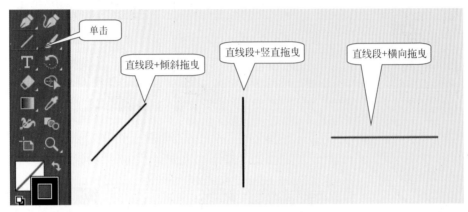

图 2-23　不同角度直线段的绘制

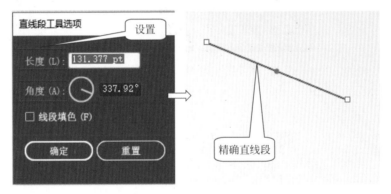

图 2-24　精确直线段的绘制

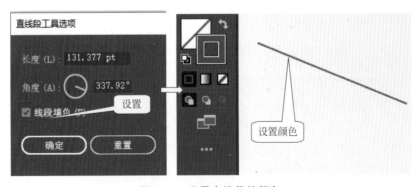

图 2-25　设置直线段的颜色

## 2.4　剪刀工具

使用【剪刀工具】可以针对路径、图形框架或空白文本框架进行操作。【剪刀工具】在橡皮擦工具箱中,可以将一条路径分割为两条或多条路径,并且每个部分都具有独立的填充和描边属性。选中将要进行剪切的路径,在要进行剪切的位置上单击,即可将一条路径拆分为两条路径。比如,在科研绘图中经常需要表述一些流程性的内容,需要用到流程性的箭头,则可以使用剪刀工具,绘制各种几何图形的流程箭头。如图 2-26 是绘制带箭头的圆形的流程图。首先利用椭圆工具,按住 Shift 键绘制正圆图形,然后选择【剪刀工具】,找到路径,进行剪切。剪切之后,将圆形分为四等分。然后打开描边面板(鼠标左键单击"描边"两字),可以编辑线条粗细,添加端点、箭头,如图 2-26 和图 2-27 所示。对于【剪刀工具】需要注意的是,

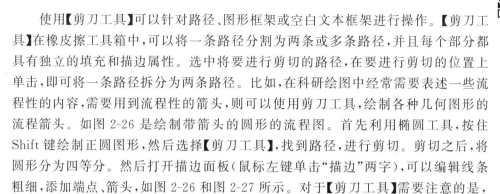

图 2-26　圆形的绘制及剪切

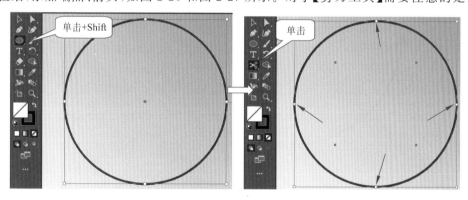

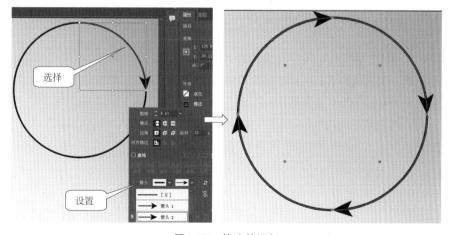

图 2-27　箭头的添加

只有在"路径"或"锚点"上剪切才可以,在端点上剪切是剪不断的,如果强行使用,剪刀工具会出现报错警告。剪刀工具在科研绘图中非常重要,但初学者不易掌握,会出现剪切错误,无法剪切成功的现象。可通过尽量放大图形来操作(Alt＋鼠标滚轮),更方便选择"路径"或"锚点",也更易操作成功。

　　如果箭头太大或者太小,可以再次进行更改设置,如图 2-28 所示,左边圆形的箭头稍大,不是很和谐,可以再次打开描边面板,将目前的四个箭头全部选中,将箭头比例缩小,即可获得大小合适的流程性箭头。

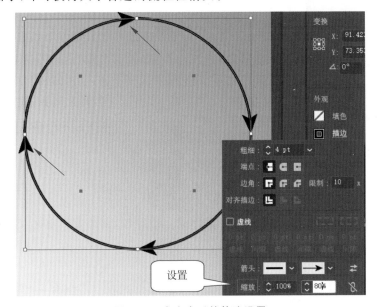

图 2-28　大小合适的箭头设置

## 2.5　渐变工具

　　使用【渐变工具】可以为图形对象添加渐变填充。目前,国际期刊 *Nature* 中的 *Nature Reviews* 期刊的文章图,普遍都使用渐变色彩,渐变使科研图显得更优雅、美观。将需要定义渐变色的对象选中,单击工具箱中的【渐变工具】按钮。在要应用渐变的开始位置上单击,拖动到渐变结束位置上释放鼠标。如果要应用的是径向渐变颜色模式,则需要在应用渐变的中心位置单击,然后拖动到渐变的外围位置上释放鼠标即可。渐变工具可借助【渐变面板】进行设置,共有三种渐变模式:线性渐变、径向渐变和任意形状渐变。线性渐变是沿着一根轴线(水平或垂直)改变颜色,从起点到终点颜色进行顺序渐变(从一边拉向另一边)。径向渐变指的是从起点到终点颜色从内到外进行圆形渐变(从中间向外拉)。任意形状渐变模式是

Illustrator 2022 的新增功能,既丰富了渐变的模式,也提供了更多的渐变选择,可以实现更为丰富的渐变效果。

在绘图区绘制圆形,并使填充位于描边上面(工具栏),选择【渐变工具】,单击圆形,即可出现渐变滑杆,在滑杆上有三个位置,第一个框为一端颜色选择,第二个为渐变颜色之间的转变位置,第三个为另一端的颜色选择,图 2-29 所示是默认的渐变颜色,白色到黑色,为线性渐变模式。

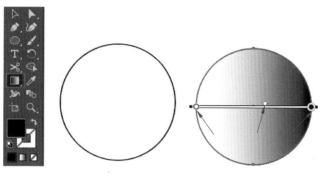

**图 2-29　渐变工具的使用**

如果想要更改颜色,可以双击颜色块,选择喜欢的颜色,也可以根据需要更改透明度,如图 2-30 所示。通过设置透明度,可以使饱和度很高的颜色不显艳丽、刺眼,变得淡雅清新、爽心悦目,更受科研工作者的青睐。

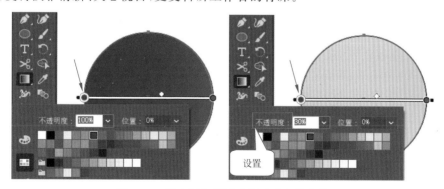

**图 2-30　渐变颜色的更改及透明度的设置**

渐变滑杆可以根据需要移动其位置,滑杆位置移动也会影响颜色的变化,如图 2-31 所示。

如果需要体现径向渐变效果,即用径向渐变模式,选择【渐变工具】,单击圆形,渐变滑杆出现。选择【径向渐变】模式,设置颜色,则滑杆会以圆心为中心、以半径为辐射范围进行填充,就会出现如图 2-32 所示的效果。

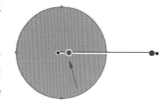

**图 2-31　渐变滑杆位置的移动**

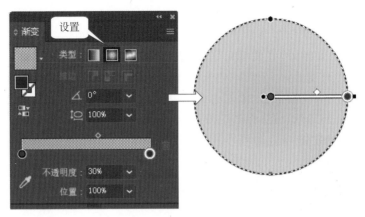

图 2-32 径向渐变的设置

## 2.6 宽度工具

【宽度工具】处理一些特殊形状的图形,如神经细胞、昆虫的触角等,效果较好。例如绘制神经细胞的末梢位置,宽度工具备受青睐,可以在任何一个位置进行宽度改变,绘制出需要的图形。首先利用【曲率工具】绘制神经末梢部位(详见 2.2 节),为了方便操作,在绘制时描边设置较为鲜艳的颜色,填充不设置颜色,如图 2-33 所示。然后选择【宽度工具】,鼠标左键拖动需要变细的位置到合适的大小,松开鼠标即可。使用宽度工具需要注意的是将画布比例放大,更便于操作,如图 2-34 所示。另外,如果某些位置需要变粗,宽度工具也同样可以实现,只是鼠标向相反的方向,拖动到合适的位置即可。

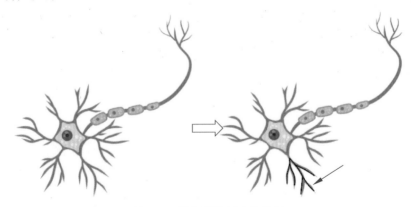

图 2-33 神经细胞树突的绘制

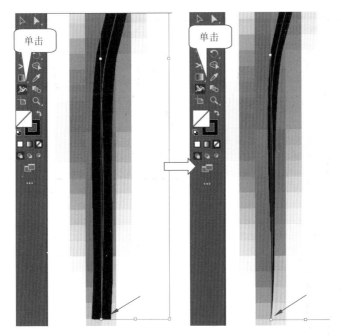

图 2-34　神经末梢宽度的改变

## 2.7　画板工具

　　画板是 Adobe Illustrator 工作界面最大的区域，是绘图的工作区。每一次在绘图之前，都需要新建文档，也就是画板。有些时候，作者对于画板需求的长宽尺寸难以把握，但是不必担心，可以选择绘图结束后，再来调整合适大小的画板，此时用到的工具就是【画板工具】。如图 2-35 所示，锥形瓶及其中的液体培养基均已画好，但是下边和右侧留白较多，单击画板工具，出现如图 2-36 所示的样子，即当画板边界变成虚线时，鼠标变成双向箭头时可以任意拖动，根据自己的需要调整画板大小，如图 2-37 所示。

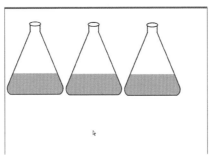

图 2-35　锥形瓶及液体培养基

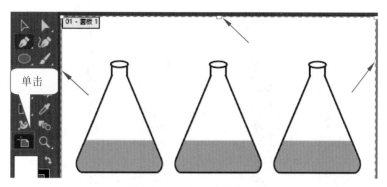

图 2-36　画板的虚线调整

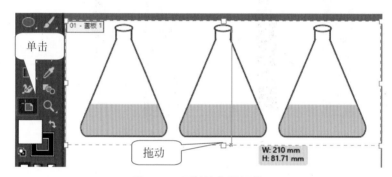

图 2-37　画板的位置调整

当调整完成之后,如图 2-38 所示,回到选择工具,即完成了画板工具的调整。

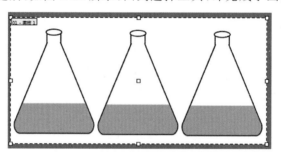

图 2-38　画板工具调整完成

## 2.8　直接选择工具

直接选择工具箱中有两种工具,一种为【直接选择工具】;另一种为【编组选择工具】。【直接选择工具】与【选择工具】功能不同,【直接选择工具】可以通过锚点和路径对图形全部或者局部进行操作,如图 2-39 所示,以直角矩形为例。对于图形

a,单击【直接选择工具】,光标变为箭头,选中其中任何一个锚点的内圆圈指示点并拖曳,即可同时改变全图四个顶角的弧度;图形 b 是选中一个顶点的路径,向图形内部拖曳即可获得,首先需要单击锚点来选住锚点,然后再次单击锚点并拖动到另一方向(两次单击锚点)。锚点没有被选住拖动时是图像整体被移动,只有选住锚点拖动时图像才会发生变形,如要完全水平移动,可同时按住 Shift 键操作;图形 c 是选中一个顶点的锚点,用直接选择工具拖动锚点的内圆圈向图像内部拖动即可获得,图形 c 只变动了一个角。

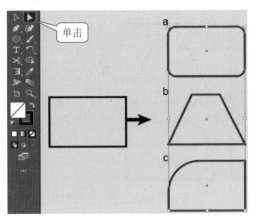

图 2-39  直接选择工具的使用

　　这里补充一下路径和锚点的内容:为了更好地绘制和修改路径,每条线段的两端均有锚点可将其固定,通过移动锚点,可以修改线段的位置和改变路径的形状。Adobe Illustrator 软件中的锚点指的是:使用钢笔工具勾勒出来的路径上的控制节点,完整并且闭合的路径上含有多个锚点,每两个锚点之间存在一段曲线,该曲线可以认为是路径,这些锚点同时控制着这段曲线,对这些锚点进行调整时会改变这段曲线的弯曲程度。如图 2-40 所示绘制直角矩形,将鼠标指针移动到线条上时,可以看到"路径"字样,移动到顶点时,可以看到"锚点"字样。

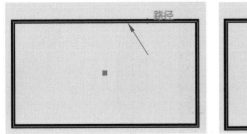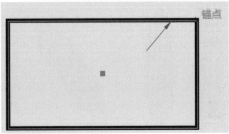

图 2-40  路径和锚点的显示

【编组选择工具】可以将框定的图形进行编组,并且在画板上作为整体进行任意拖动,如图 2-41 所示。也可以框选多个对象后右击,实现"编组"功能。

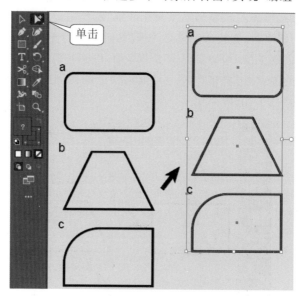

图 2-41　编组选择工具的使用

## 2.9　旋转工具

以矩形工具箱中的【椭圆工具】为例,在画板中绘制一个椭圆,按住 Alt 键,拖曳复制一份,做对比备用。选择【旋转工具】,确定定点,定点可以是椭圆上或者椭圆外的任意一点,根据需要拖动即可,如图 2-42 所示。如需要精确定义旋转的角度,可以使用右键→【变换】→【旋转】功能,手工输入具体的旋转角度。

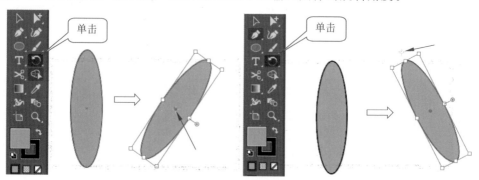

图 2-42　旋转工具的使用

## 2.10　吸管工具

　　颜色模式是使用数字描述颜色的方式。无论屏幕颜色还是印刷颜色,都是模拟自然界的色彩,差别在于模拟的方式不同。模拟色的颜色范围远小于自然界的颜色范围。但是,同样作为模拟色,由于表现颜色的方式不同,印刷的颜色范围又小于屏幕的颜色范围,所以屏幕颜色与印刷颜色并不完全匹配。在 Adobe Illustrator 2022 中使用了 6 种颜色模式,即 RGB 模式、CMYK 模式、HSB 模式、灰度模式、Web 安全 RGB 模式和 Lab 模式。

　　(1) RGB 模式:利用红、绿、蓝三种基本颜色呈现色彩,通过调整三种颜色的比例可以获得不同的颜色。由于每种基本颜色都有 256 种不同的亮度值,因此,RGB 颜色模式有 $256 \times 256 \times 256$ 约 1677 万种不同颜色。RGB 对颜色进行编码的方法统称为"颜色空间"或"色域"。换句话说,世界上任何一种颜色的"颜色空间"都可定义成一个固定的数字或变量。RGB 只是众多颜色空间的一种。采用这种编码方法,每种颜色都可用三个变量来表示红色、绿色以及蓝色的强度。记录及显示彩色图像时,RGB 是最常采用的一种色彩方案。但是,它缺乏与早期黑白显示系统的良好兼容性。因此,许多电子电器厂商普遍采用的做法是,将 RGB 转换成 YUV 颜色空间,以维持兼容,再根据需要转换回 RGB 模式,以便在计算机显示器上显示彩色图形。

　　(2) CMYK 模式:即常说的四色印刷模式,CMYK 分别代表青、洋红、白、黑四种颜色。CMYK 颜色模式的取值范围是用百分数来表示的,百分比较低的油墨接近白色,百分比较高的油墨接近黑色。它和 RGB 相比有一个很大的不同:RGB 模式是一种屏幕显示发光的色彩模式,你在一间黑暗的房间内仍然可以看见屏幕上的内容;CMYK 是一种用于印刷品依靠反光的色彩模式,像我们阅读报纸,是阳光或灯光照射到报纸上,再反射到我们的眼中,才能看到内容。只要在屏幕上显示的图像,就是 RGB 模式表现的。而在印刷品上看到的图像,就是 CMYK 模式表现的,比如期刊、杂志、报纸、宣传画等。

　　(3) HSB 模式:利用色彩的色相、饱和度和亮度表现色彩。H 代表色相,指物体固有的颜色。S 代表饱和度,指的是色彩的饱和度,它的取值范围为 0(灰色)~100%(完全饱和)。B 代表亮度,指色彩的明暗程度,它的取值范围是 0(黑色)~100%(白色)。

　　(4) 灰度模式:这种模式具有 0~255 共 256 种灰度色域的单色图像,灰度通常用百分比表示,范围为 0~100%,灰度最高的,即 100% 就是纯黑;灰度最低的,即 0 就是纯白。灰度模式可以与 HSB 模式、RGB 模式、CMYK 模式互相转换。但是,将色彩转换为灰度模式后,再要将其转换回彩色模式,将不能恢复原有图像的色彩信息,画面将变为单色。

（5）Web 安全 RGB 模式：这种模式是网页浏览器所支持的 216 种颜色，与显示平台无关。当所绘图像只用于网页浏览时，可以使用此种颜色模式。

（6）Lab 模式：既不依赖光线，也不依赖颜料，它是一个理论上包括了人眼可以看见的所有色彩模式，弥补了 RGB 和 CMYK 两种色彩模式的不足。RGB 在蓝色与绿色之间的过渡色太多，绿色与红色之间的过渡色又太少，CMYK 模式在编辑处理图片的过程中损失的色彩则更多，而 Lab 模式在这些方面都有所补偿。Lab 模式由三个通道组成，一个通道是明度，即 L；另外两个是色彩通道，用 A 和 B 来表示。A 通道包括的颜色是从深绿色（低亮度值）到灰色（中亮度值）再到亮粉红色（高亮度值）；B 通道则是从深蓝色（低亮度值）到灰色（中亮度值）再到黄色（高亮度值）。因此，这种色彩混合后将产生明亮的色彩。此种模式所定义的色彩最多，且与光线及设备无关，其处理速度与 RGB 模式同样快，比 CMYK 模式快很多。因此，可以放心大胆地在图像编辑中使用 Lab 模式。而且，Lab 模式在转换成 CMYK 模式时色彩不会丢失或被替换。因此，避免色彩损失的最佳方法是：应用 Lab 模式编辑图像，再转换为 CMYK 模式打印输出。Lab 模式与 RGB 模式相似，色彩的混合将产生更亮的色彩，只有亮度通道的值才影响色彩的明暗变化，可以将 Lab 模式看作两个通道的 RGB 模式加一个亮度通道的模式。

【吸管工具】对于图形的颜色更改有非常神奇的作用，在实际操作过程中，颜色的选择是广大科研工作者的一大难题。在 Adobe Illustrator 中，要想获得理想的颜色，可以通过【吸管工具】吸取，绘制的图形就可以填充这种颜色。如图 2-43 中培养皿的颜色，如果需要吸取颜色，可以放入 Adobe Illustrator 中，选中需要填充颜色的图形，选择工具栏的【吸管工具】，将吸管工具移动到需要的颜色上单击即可。

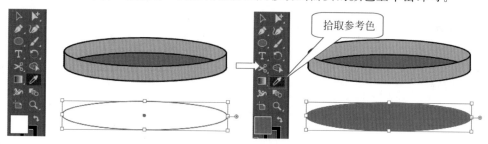

拾取参考色

**图 2-43　吸管工具的使用**

## 2.11　抓手工具

双击【抓手工具】，可以将画板调整到合适视野的大小。因为在实际绘图过程中，可能需要扩大比例绘制较为细节的部分，也可能需要缩小比例进行全局性思考,经常需要随时调整图像大小,快捷键"Alt+抓手工具"。如图 2-44 所示,抓手工具可以将画板中的图画调整到视野最合适位置,便于绘图工作,快捷键为"H"或者按住空格键不动,光标即变为手形,按住鼠标左键进行拖曳,即可把图像放大到合适位置,如视野足够大或足够小时,可通过左键双击抓手工具将画板移动到视野合适的位置,如图 2-45 所示。

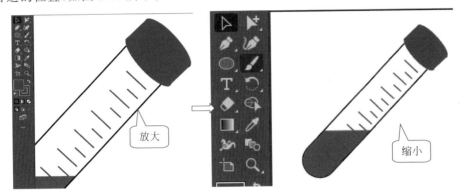

**图 2-44　放大或缩小绘图区**

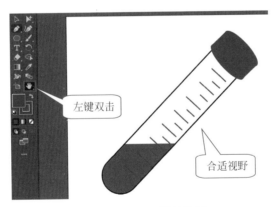

**图 2-45　抓手工具的使用**

## 本章小结

　　通过对本章的学习,可以做到熟练使用选择工具,每当完成一步操作,鼠标习惯性地迅速回到选择工具。揣摩曲率工具的神奇之处,可以根据需要增加或者减少锚点,可以对线条弯曲度进行任意调整。熟悉矩形到圆角矩形的变形操作,该操作具有可逆性。在直线段工具使用中,巧妙借助快捷键,得到横平竖直的直线段。对于剪刀工具,一定要知道只能在路径和锚点上进行剪切。对于渐变工具,可根据需要调整渐变模式,任意调整渐变角度,清楚滑杆工具的按钮含义。对于宽度工具,找准位置调整宽度,细节操作时一定将画板调整到视野合适大小。对于画板工具,在存储过程中借助画板,存储有效对象。对于直接选择工具,任意拉动锚点以及锚点所连接的线条。对于旋转工具,确定旋转中心,任意旋转对象。对于吸管工具,吸取任意可以获得的电子颜色。对于抓手工具,双击鼠标左键可将画板移动到视野合适的状态。

本章高频率使用的快捷键如表 2-1 所示。

表 2-1　快捷键对应表

| 选　　项 | 对应快捷键 |
| --- | --- |
| 【锁定图片】 | Ctrl＋2 |
| 【解锁图片】 | Ctrl＋Alt＋2 |
| 【180°直线段】 | Shift＋鼠标横向拖动 |
| 【90°直线段】 | Shift＋鼠标纵向拖动 |
| 【45°/135°直线段】 | Shift＋鼠标斜向拖动 |
| 【复制】 | Ctrl＋C |
| 【粘贴在所选对象上方】 | Ctrl＋F |

# 第3章

# 文 本 编 辑

本章主要讲解 Illustrator 2022 的文字工具，展示该软件文本编辑功能的使用方法。在进行科研绘图时，文本是必不可少的元素，AI 拥有强大的文本编辑功能，主要包括工具栏中的文字工具、路径文字工具、直排文字工具。通过学习本章内容，可以使用这些工具快速高效地进行文本创建、文本选择、字符格式设置和段落格式设置。文字编辑功能强大，可以展示不同的效果来满足多种需要。

## 3.1 文本创建

Illustrator 2022 的工具栏中提供了 3 种文字工具，包括【文字工具】【路径文字工具】【直排文字工具】，其中【文字工具】和【直排文字工具】可以创建沿着水平和垂直方向的文字，【路径文字工具】可以让文字按照路径的轮廓线方向进行

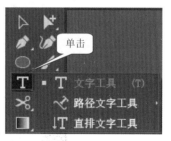

图 3-1　文字工具箱

排列，如图 3-1 所示，可以输入各种类型的文字，以满足不同的文字处理需求。

### 3.1.1 点文本输入

在 Adobe Illustrator 中，可以使用【文字工具】将文本作为一个独立的对象输入或置入页面中。在工具箱中选择【文字工具】，移动光标到画板工作区中的任意位置，单击确定文本的插入点，此时会自动出现一行文字，即占位符，便于观察文字输入效果。删去占位符的文字就可以输入需要的文本内容。可以从左到右的横排输入，如图 3-2 所示。当然，这里的占位符文字是默认状态，也可以通过设置，将其

删除。选择【编辑】→【首选项】→【文字】,在弹出的选项卡中,取消勾选"用占位符文字填充新文字对象"即可。

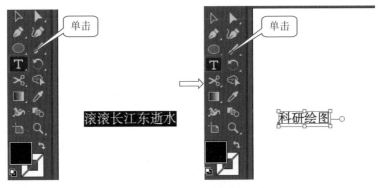

图 3-2　文字工具的使用

在工具箱中选择【直排文字工具】,移动光标到画板工作区中的任意位置,单击确定文本的插入点,此时会出现占位符,删去即可输入需要的文本内容。可以从上到下竖排输入文字,如图 3-3 所示。另外,使用【直排文字工具】时,在换行时,下一行文字会排布在该行的左侧。

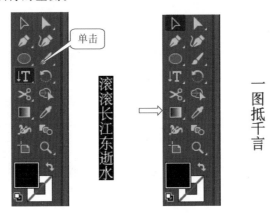

图 3-3　直排文字工具的使用

## 3.1.2　段落文本输入

在 Adobe Illustrator 中,使用【文字工具】和【直排文字工具】不仅可以创建点文本,还可以通过创建文本框确定文本输入的区域,并且输入的文本会根据文本框的范围自动换行。需要注意的是,当输入完文本内容后,文本框下方如果出现红色加号图标 图 时,表示文本内容未全部显示出来,此时可以使用【选择工具】,将光标移动到右下角控制点上拖曳,将文本框放大,直到红色加号图标消失,即可显示全部的文字内容,如图 3-4 所示。如果需要换行,按 Enter 键即可,文本内容输入结束,按 Esc 键退出。

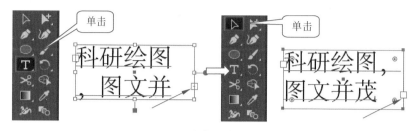

图 3-4 段落文本的输入

【直排文字工具】和【文字工具】的使用方法相同,区别在于【直排文字工具】输入的文字是从上到下、从右向左垂直排列的文本。

### 3.1.3 路径文字工具

使用【路径文字工具】可以使路径上的文字沿着任意开放或闭合路径进行排布,将文字沿着路径输入后,还可以编辑文字在路径上的位置,也可以根据需要翻转文字。比如绘制一个圆形路径文字,具体操作如下:使用【椭圆工具】绘制一个椭圆,注意只用描边,不用填充,用【剪刀工具】沿着水平直径剪切,去除下半圆,使用【路径文字工具】按上半圆的路径编辑文字,然后选中位于中点的竖线,可以翻转文字,如图 3-5 所示。但此时可能需要调整字号大小,按照路径走向排列。

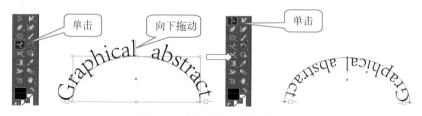

图 3-5 路径文字工具的使用

## 3.2 文本选择

### 3.2.1 字符选择

在文档中,使用【选择工具】选中字符后,属性栏中会出现【字符】面板,如图 3-6所示,也可使用快捷键"Ctrl+T"调入,或者执行【窗口】→【文字】→【字符】也可以打开。

图 3-6　字符面板的调用

图 3-6 中，单击右下角的 ▪▪▪ 按钮，即可弹出图 3-7 所示的字符面板的选项卡，显示更多选项，也就是可以设置多种格式，其功能非常强大，详见 3.3 节的介绍。

在文档中选中字符，可以使用【文字工具】选择单个或多个字符，按住鼠标左键，可以加选或减选字符，选中的文字会高亮显示，此时，文字的修改只针对选中的部分，如图 3-8 所示。也可以选择【选择】→【全部】，选中当前文字对象中包含的所有文本，其快捷键为"Ctrl＋A"。

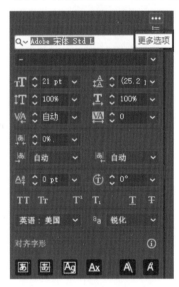

图 3-7　字符面板的更多选项

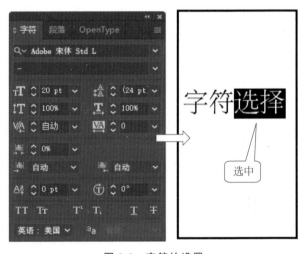

图 3-8　字符的设置

## 3.2.2　文字对象选择

如果对文本对象中的所有字符进行字符和段落属性的修改、填充和描边属性的修改，以及透明度的修改等，可以先选中整个文字对象，然后再进行修改。在工具栏中选择【选择工具】或者【直接选择工具】，单击文字对象进行选择，也可以在文档中选中所有的文字，选择【选择】→【对象】→【所有文本对象】，如图 3-9 所示。

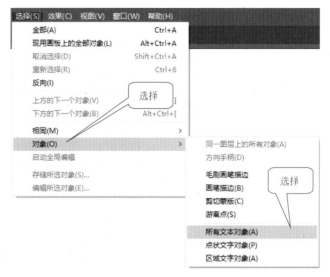

**图 3-9　文本对象的选择**

## 3.3　字符格式设置

在【字符】面板中可以对文字的字体样式、字体大小、行距、字符间距、水平与垂直缩放等各种属性进行设置。选择【窗口】→【文字】→【字符】，其快捷键为"Ctrl＋T"，即可出现图 3-10 所示的字符面板。单击右上角 ▤ 按钮，可显示更多的设置项目。

**图 3-10　字符面板**

### 3.3.1　字体、字号设置

在【字符】面板中，可以设置字符的各种属性。单击【设置字体系列】右侧的小三角按钮，从下拉列表中选择一种字体，如图 3-11 和图 3-12 所示。字号是指字体的大小,表示字符的最高点到最低点之间的尺寸。单击【字符】面板中的【设置字体大小】数值框右侧的小三角按钮,在弹出的下拉列表中选择预设的字号,也可以在数值框中直接输入一个字号数值,如图 3-13 所示。

图 3-11　字体、字号的设置界面

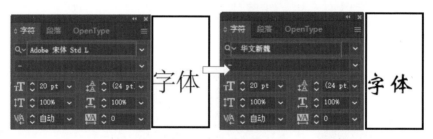

图 3-12　字体设置

图 3-13　字号设置

### 3.3.2 字间距调整

字间距微调是指增加或减少特定字符对之间的间距。使用任意文字工具在需要调整字间距的两个字符中间单击，进入文本输入状态。在【字符】面板的字符间距调整选项中，可以调整两个字符间的字距。当该值为正值时，可以加大字距；为负值时，可以缩小字距。当光标在两个字符之间闪烁时，使用快捷键"Alt＋小键盘左向箭头"可以缩小字距，使用"Alt＋小键盘右向箭头"可以增大字距，也可以同时选住一串文字进行编辑，如图 3-14 所示。字间距调整是指放宽或收紧所选文本或整个文本块中的字符间距。选择需要调整的部分字符或整个文本对象后，在字符间距调整选项后可以调整所选字符的字间距，该值为正值时，字距变大；为负值时，字距变小。

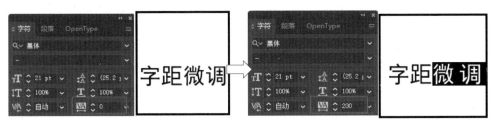

**图 3-14　字距微调**

### 3.3.3 行距设置

行距是指两行文字之间间隔距离的大小，是从一行文字基线到另一行文字基线之间的距离。可以在输入文本之前设置文本的行距，也可以在文本输入后，在【字符】面板的【设置行距】数值框中设置行距，如图 3-15 所示。

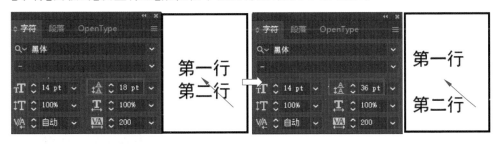

**图 3-15　行距设置**

### 3.3.4 水平或垂直缩放

在 Adobe Illustrator 中，允许改变单个字符的宽度和高度，可以将文字外观拉长或压扁，如图 3-16 和图 3-17 所示。

图 3-16　水平缩放

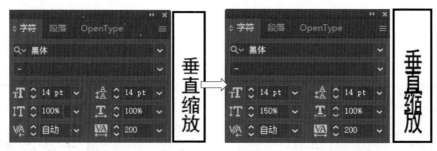

图 3-17　垂直缩放

### 3.3.5　文本旋转

在 Adobe Illustrator 中,支持字符的任意角度旋转。在【字符】面板的【字符旋转】数值框中输入或选择合适的旋转角度,可以为选中的文字进行自定义角度的旋转,如图 3-18 所示。

比如,对于一些实验图,可能名称太长,需要改变一定的角度进行排列,如实时荧光定量 PCR (qPCR)图,该实验结果横坐标组织名称太长,图形呈现较为拥挤,造成阅读模糊、不美观等问题。基于这种情况,使用字符面板中文本旋转进行标注,旋转 45°,结果如图 3-19 所示。

### 3.3.6　文本颜色设置

可以根据需要在工具箱、属性栏、【颜色】面板或【色板】面板中设定文字的填充或描边颜色,选中

图 3-18　文本旋转

需要更改颜色的文本,双击【填色】前面的颜色块,即可弹出【色板】,单击需要的颜色,文本颜色即可更改,如图 3-20 所示。

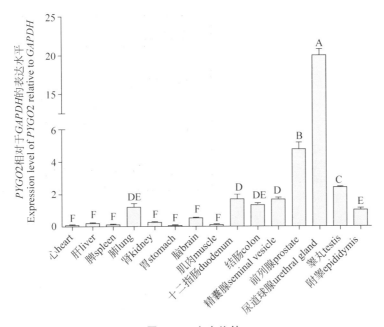

图 3-19 文本旋转

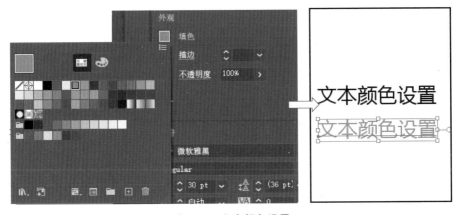

图 3-20 文本颜色设置

## 3.3.7 文本大小写设置

选择要更改大小写的字符或文本对象,选择【文字】→【更改大小写】,在子菜单中选择对应的命令即可,如图 3-21 所示。大写,将所有字符改为大写;小写,将所有字符改为小写;词首大写,将每个实词的首字母大写;句首大写,将每个句子的首字母大写。

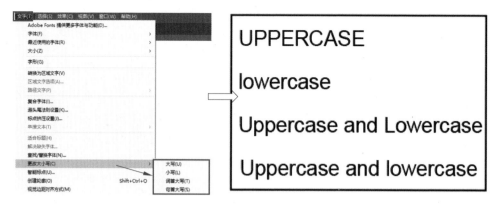

图 3-21　大小写设置

### 3.3.8　基线偏移

在 Adobe Illustrator 中,可以通过调整基线来调整文本的提升或降低。使用【字符】面板中的【设置基线偏移】数值框设置上标或下标。也可以用快捷键"Shift＋Alt＋↑"增加基线偏移量,用快捷键"Shift＋Alt＋↓"减小基线偏移量。专业术语的符号通常会含有上标或者下标,基线偏移可以简单快捷地实现这一操作。例如,书写 $H_2O$ 的化学式就可以用基线偏移来实现,如图 3-22 所示。

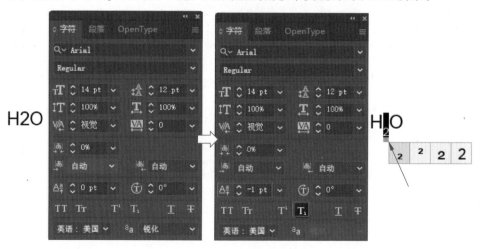

图 3-22　基线偏移

## 3.4　段落格式设置

在处理段落文本时,可以通过【段落】面板设置文本对齐方式、首行缩进、段落间距等参数获得更加丰富的段落效果。选择菜单栏中的【窗口】→【文字】→【段落】命令,用快捷键"Alt＋Ctrl＋T"即可打开【段落】面板。单击【段落】面板的扩展菜单按钮,在打开的菜单中选择【显示选项】命令,可以在【段落】面板中显示更多的设置选项。

## 3.4.1 文本对齐

Adobe Illustrator 中提供了【左对齐】【居中对齐】【右对齐】【两端对齐,末行左对齐】【两端对齐,末行居中对齐】【两端对齐,末行右对齐】【全部两端对齐】7 种文本对齐方式。使用【选择】工具选择文本后,单击【段落】面板中相应的按钮即可对齐文本,如图 3-23 所示。此操作比较简单,这里不做举例示范。

图 3-23 段落文本对齐方式

## 3.4.2 视觉边距对齐方式

利用【视觉边距对齐方式】命令可以控制是否将标点符号和某些字母的边缘悬挂在文本边距以外,以便使文字在视觉上呈现对齐状态。选中要对齐视觉边距的文本,选择【文字】→【视觉边距对齐方式】命令即可。由于是视觉微调,效果不是很明显,这里不做展示。

## 3.4.3 段落缩进

在【段落】面板中,【首行缩进】可以控制每段文本首行按照指定的数值进行缩进。使用【左缩进】和【右缩进】可以调节整段文字边界到文本框的距离,如图 3-24 所示。

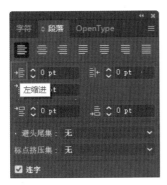

图 3-24 段落缩进方式

### 3.4.4 段落间距

使用【段前间距】和【段后间距】可以设置段落文本之间的距离。这是排版中分隔段落的专业方法,如图 3-25 所示。

图 3-25 段落间距

## 本章小结

通过对本章学习,可以做到熟练使用文字工具,掌握多种文本创建的方法,编辑需要的文本内容,熟悉字符面板。根据需要进行多个项目设置,如设置字体、字号、调整字间距、行距、水平或垂直缩放、文本旋转、更改文本颜色、更改大小写等。熟悉段落面板,如对齐文本、对齐视觉边距、缩进段落、更改段落间距等。很多时候,文字的效果展示并非仅仅是横平竖直的简单呈现,经常需要通过不同形状来显示科研图更好的效果,有时需要借助基本几何图形,编辑路径文字工具,这个过程也常使用剪刀工具和曲率工具,使路径形式更加丰富。直排文字工具的呈现是从上至下、从右至左的。切记,文字工具使用结束后,立即回到选择工具才可以进行移动画板等其他操作,否则默认继续添加文字。本章高频率使用的快捷键是"Ctrl+T",代表的选项是【文字工具】及【字符面板】。

# 第 4 章

## 组 图 排 版

本章主要讲解 Adobe Illustrator 2022 中的组合排版功能,对于多种软件(如 SPSS、GraphPad Prism、Origin、R、Python)做出的线条图以及多种实验图(如细胞染色、冷冻电镜)进行组合排版。目前,科研期刊发表的高质量图,每一张图常由多个小图组合为一个大图,通过学习本章内容,可以轻松排版各类图片,前提是要明确不同期刊对组图的尺寸要求,在要求的画板中排列,制作组图,直观明了地呈现给读者。Adobe Illustrator 是一款排版功能非常强大的软件,可以将图片组合后以矢量图格式输出,对于多种科研软件输出的图片均可兼容,可以为科研组图锦上添花。

不同的科研期刊,对组合的图片大小要求不同,在 Adobe Illustrator 软件中,可以根据杂志要求进行设置。以国际期刊 *Nature* 为例,其对图片尺寸的要求具体为:单栏图宽 89 mm,双栏图宽 183 mm,高不超过 247 mm,如图 4-1 所示。

## Figures

Nature requires figures in electronic format. Please ensure that all digital images comply with the Nature journals' policy on image integrity.

Figures should be as small and simple as is compatible with clarity. The goal is for figures to be comprehensible to readers in other or related disciplines, and to assist their understanding of the paper. Unnecessary figures and parts (panels) of figures should be avoided: data presented in small tables or histograms, for instance, can generally be stated briefly in the text instead. Avoid unnecessary complexity, colouring and excessive detail.

Figures should not contain more than one panel unless the parts are logically connected; each panel of a multipart figure should be sized so that the whole figure can be reduced by the same amount and reproduced on the printed page at the smallest size at which essential details are visible. For guidance, Nature's standard figure sizes are 89 mm (single column) and 183 mm (double column) and the full depth of the page is 247 mm.

Amino-acid sequences should be printed in Courier (or other monospaced) font using the one-letter code in lines of 50 or 100 characters.

Authors describing chemical structures should use the Nature Research chemical structures style guide.

图 4-1　*Nature* 对图片尺寸的要求

# 4.1 线图排版

线图(Line Chart)是用线条表示和度量距离,要求准确地按比例绘制。如果同一工作区有两个以上研究对象时,采用不同颜色的线条绘制。线图相对于照片图来说较为灵活,在有原始数据的情况下,比较容易修改和编辑。但是线图也会像照片图一样,常常使用组图来整体说明一个科学问题。以课题组发表在期刊*Animal Genetics*上的一张图为例,该图包含 3 个小图,具体组图方法在软件中的操作如下。

(1) 将需要排版的 3 张线图都准备好,置入新建文档中(请注意是置入,不是打开)。这时可以不考虑位置,因为不同的线图可能来源于不同的软件,所以暂时也不考虑置入后的图片大小。选择【文件】→【新建】,创建文档,对于文档大小,可以根据期刊要求,这里以 *Nature* 双栏图为例。选择宽度为 183 mm 大小的画布,选择【文件】→【置入】,找到存储图片的位置,将 3 张线图置入,如图 4-2所示。

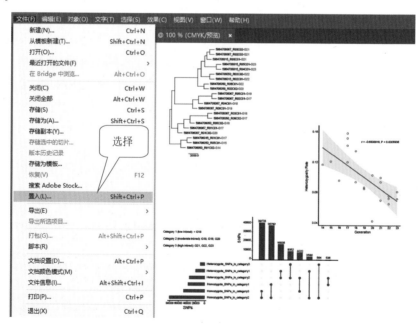

图 4-2 置入文件[8]

(2) 根据内容需要,对每一张线图进行排版,初步布局,适当调整图片大小。本案例中共 3 张线图,根据图片特征,同时兼顾文章叙述逻辑,可以在上半部分放两张,下半部分放一张,如图 4-3 所示。

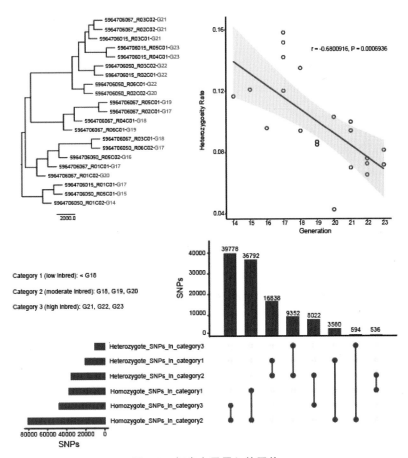

图 4-3　初步布局置入的图片

（3）图片大致放好之后，选择【窗口】→【对齐】，精确调整图片位置，使用对齐面板，快捷键为"Shift＋F7"，如图 4-4 所示。

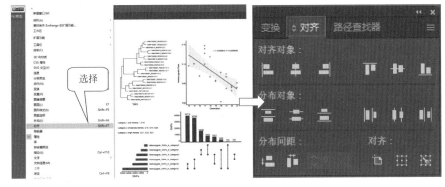

图 4-4　调取对齐面板

（4）此时选中前面两张图，选择【对齐对象】→【垂直底对齐】，如图 4-5 所示。

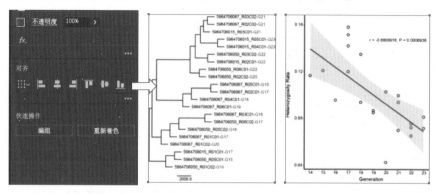

**图 4-5　对齐面板的使用**

（5）选中第一张和第三张图片，单击左对齐，借助标尺工具，快捷键是"Ctrl＋R"，拖曳出参考线，继续调整每张图片的大小，如图 4-6 所示。

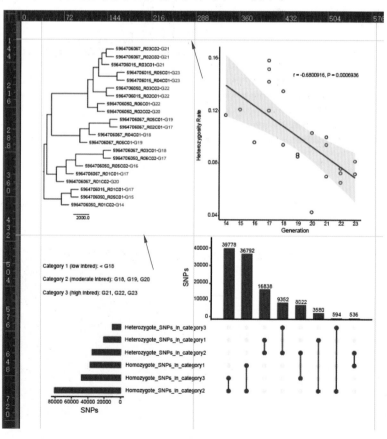

**图 4-6　标尺工具的使用**

（6）选择【文字工具】，标注每张图片的标识，如（a）、（b）或（c）等。在标注过程中，注意使用【对齐面板】和【参考线】进行校正，如图 4-7 所示。绘制完成后，选择【画板工具】，确保宽度为 183 mm，此时为标准的双栏图，可以直接应用在论文中，如图 4-8 所示。

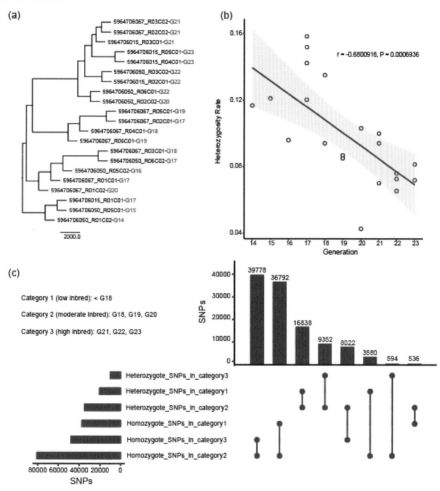

图 4-7　线图排版完成

（7）选择【文件】→【存储】，默认为 AI 矢量图格式，也可以选择【存储为】PDF、EPS 矢量图格式，这些格式都可以在后期随时进行修改编辑。使用【导出】功能导出的为位图格式，如 TIFF、JPEG、BMP，但不可再次修改，如图 4-9 和图 4-10 所示。

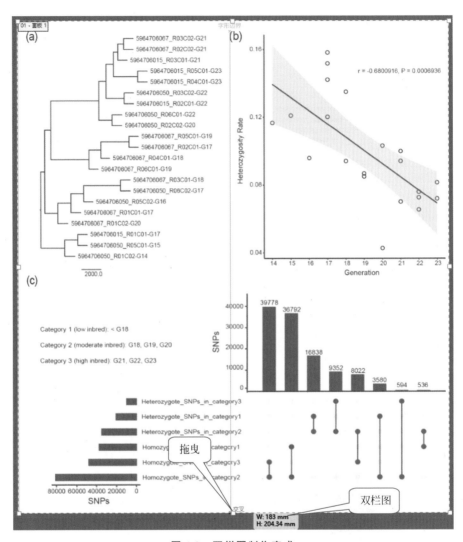

**图 4-8　双栏图制作完成**

**图 4-9　存储为 AI 矢量图格式**

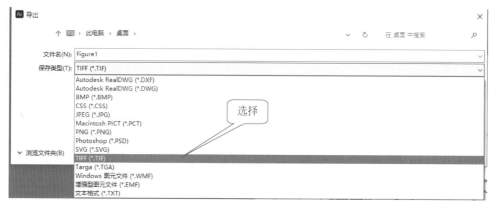

图 4-10　导出 TIFF 位图格式

## 4.2　照片图排版

在科研实验过程中,很多实验(免疫组化、HE 染色、亚细胞定位等)需要在显微镜下观察,挑选合适的视野进行拍照。为了有效展示实验结果,需要同时呈现多张图片来共同说明一个科学问题。Adobe Illustrator 软件可以轻松解决实验照片组图排版。以下案例为 6 张倒置荧光显微镜下拍摄的亚细胞定位图,使用 Adobe Illustrator 软件,对图片进行单栏图排版。

(1) 打开 Adobe Illustrator 软件,【文件】→【新建】,新建文档选择 89 mm 的画布宽度。将画布调整到操作界面合适的位置,开始置入 6 张亚细胞定位图片。选择【文件】→【置入】,找到图片的存储位置,逐一置入,如图 4-11 所示。

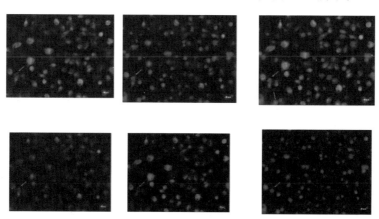

图 4-11　置入图片[9]

（2）调整 6 张实验图为合适大小，并进行统一排版。在属性栏【变换面板】中，设置每一张图片的宽度为 29 mm，并且锁定高宽比（宽和高右侧的锁链图标），如图 4-12 所示。

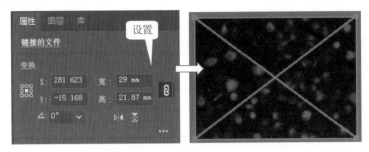

**图 4-12　设置图片大小**

（3）6 张图片全部设置好之后，需要对图片进行排版，做对齐处理，在软件中，对齐面板可以轻松快捷的解决这一问题。选择【窗口】→【对齐】，调出对齐面板，快捷键为"Shift＋F7"。其中，【对齐所选对象】和【对齐关键对象】可以自由切换。将第 1 张绿色荧光图片放在合适的位置，同时选中绿色荧光蛋白图片、红色线粒体染色图片和蓝色细胞核染色图片，再次单击绿色荧光蛋白图片，此时已将该图片作为关键对象。选择顶端对齐，如图 4-13 所示。

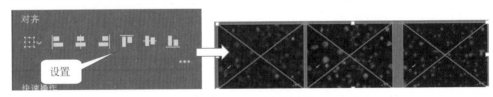

**图 4-13　对齐对象的使用**

（4）同样将第 1 张荧光蛋白图片作为关键对象，选中细胞核与绿色荧光重叠的照片，选择左对齐，如图 4-14 所示。

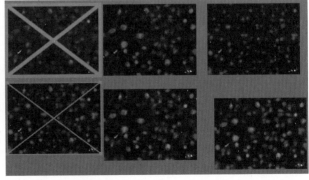

**图 4-14　对齐面板的使用**

（5）适当调整之后，需要对图片的水平分布进行调整，将第 3 张图片（细胞核染色的图片）调整到合适的位置（与右侧画板对齐），然后将第一行的三张图片同时选中，单击水平居中分布即可，如图 4-15 所示。

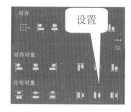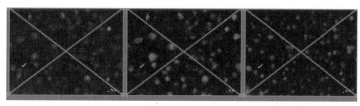

图 4-15　分布对象的使用

（6）同样，第二行的 3 张图片也依次操作。最后亚细胞组图排版，如图 4-16 所示。

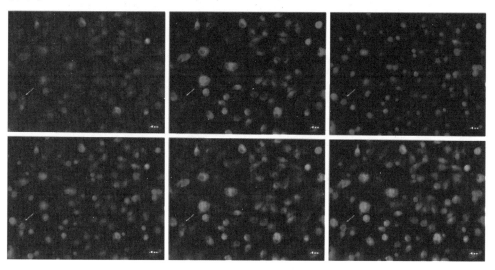

图 4-16　亚细胞组图

（7）可以在图片的左上角添加图片编号，比如字母。选择【文字工具】进行编辑，填充颜色选择白色。为了便于操作，可以将 6 张图片全部选择，按住快捷键"Ctrl＋2"，锁定图片。选择【文字工具】编辑字母，待字母编号编辑结束后，按住快捷键"Alt＋Ctrl＋2"即可解锁，如图 4-17 所示。

（8）选择画板工具，待光标变成双向箭头时，向上拖动画布，直到与图片大小合适，调整好之后，回到选择工具，即可保存。此时一幅 89 mm 宽度的单栏图就制作好了，如图 4-18 所示。

（9）选择【文件】→【存储为】，在弹出的对话框中，可以命名文件名称，保存类型为 AI 格式，单击"保存"即可。此时保存的是矢量格式，如果后边需要修改，将该

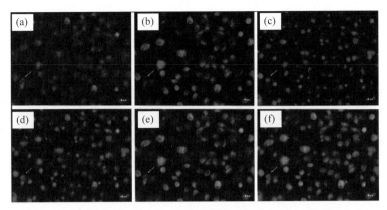

**图 4-17　照片图排版完成**

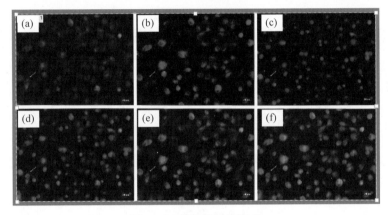

**图 4-18　单栏图制作完成**

图片在 Adobe Illustrator 软件中打开,可以进行修改。另外,还可以导出位图格式,选择【文件】➔【导出】,弹出对话框,其中可选择的格式如 JPEG、PNG 和 TIFF 都是位图格式,且较为常用,其中 TIFF 所占空间较大,像素相对较高,正常情况下,TIFF 图片清晰度可以被大部分期刊所接受。有的期刊也接受 JPEG(300dpi)格式的图片。

补充:照片图在排版过程中,每一张小图之间的间隙,也可以用白色直线段来间隔,可以利用描边面板设置一样粗细的线条,确保间隙大小一样。

## 本章小结

通过本章学习,可以做到根据需要设置画板大小。在实际操作中,对画板在允许范围内进行调整。熟练使用对齐面板,进行对齐对象、分布对象、分布间距等操作。变换面板,根据需要设置宽高,锁定或者不锁定比例。本章高频率使用的快捷键如表 4-1 所示。

表 **4-1**　快捷键

| 选　　项 | 对应快捷键 |
| --- | --- |
| 【显示标尺】 | Ctrl＋R |
| 【显示文字工具】 | Ctrl＋T |
| 【存储】 | Ctrl＋S |
| 【存储为】 | Shift＋Ctrl＋S |

# 第5章

# 生命科学重要元素的绘制

本章主要讲解 Illustrator 2022 绘制科研图中一些特殊元素的方法,软件可以将绘制的图保存为矢量格式,能直接运用在科研文章中。本章主要讲解生命科学领域中一些重要元素的绘制方法,如 DNA 双螺旋结构(线性 DNA 双螺旋、线性立体 DNA 双螺旋、丝带 DNA 双螺旋和丝带立体 DNA 双螺旋),细胞膜和核膜(细胞膜、凸显特殊位置的细胞膜、线性核膜、立体核膜),蛋白质,抗体,核小体。通过学习本章内容,可以掌握一些特殊元素的绘制方法,为进一步绘制科研机理图夯实基础,也可以激发其他特殊图形的绘制灵感。

## 5.1　DNA 双螺旋的绘制

DNA 携带有合成 RNA 和蛋白质所必需的遗传信息,是生物体发育和正常运作必不可少的生物大分子。DNA 分子结构中,两条脱氧核苷酸链围绕一个共同的中心轴盘绕,构成双螺旋结构。脱氧核糖-磷酸链在螺旋结构的外面,碱基朝向里面。两条脱氧核苷酸链反向互补,通过碱基间的氢键配对相连,成为相对稳定的组合。以下使用 AI 软件,绘制四种 DNA 双螺旋。

### 5.1.1　线性 DNA 双螺旋

(1) 在矩形工具箱中,选择【直线段工具】,绘制一条直线,选择【效果】→【扭曲和变换】→【波纹效果】,如图 5-1 所示。

(2) 在【波纹效果】选项卡中进行参数设置,其中"大小"设置为"相对",并输入合适的百分比;为"每段的隆起数"设置合适的数值;"点"设置为"平滑"。在更改参数时,可以勾选"预览"查看效果,最后单击"确定"按钮即可,如图 5-2 所示。

图 5-1　绘制直线段并选择"波纹效果"

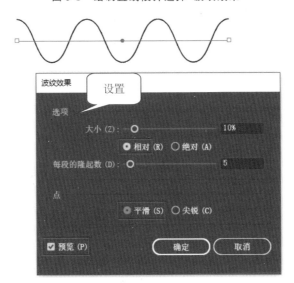

图 5-2　波纹效果选项卡

（3）双击工具栏的【描边】，可以更换颜色，也可以通过属性栏的【描边面板】填充颜色，同时调整描边的粗细，更改 pt 数，如图 5-3 和图 5-4 所示。

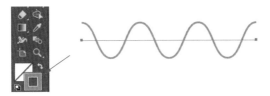

图 5-3　工具栏添加颜色

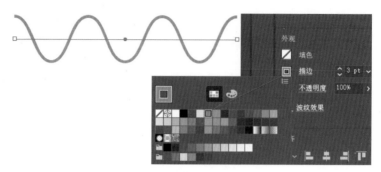

图 5-4　描边面板添加颜色

（4）由图 5-4 可以看出，此时具有波纹效果的线条路径依然是直线段路径，说明该波浪线的本质是直线，要想将其彻底变成波浪线，可以选择【对象】→【扩展外观】，如图 5-5 所示，此时可以得到一条实实在在的波浪线，再次选择【对象】，此时【扩展外观】已经变为灰色，说明【扩展外观】命令执行完成，如图 5-6 所示。

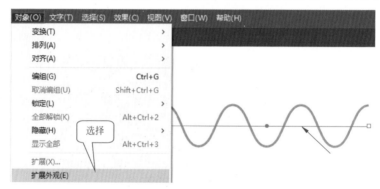

图 5-5　扩展外观

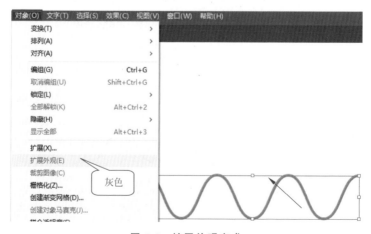

图 5-6　扩展外观完成

（5）复制一条波浪线（快捷键为"Alt＋鼠标左键"），平行移动放在合适的位置，构成双链DNA，根据需要，将DNA双链两端调整或者剪切（使用剪刀工具，详见2.4节）多余部分。这里再次强调，剪刀一定要剪在路径或者锚点上才可以剪断。最终获得美观大方的双链DNA，如图5-7所示。

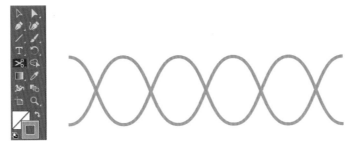

图 5-7　双链 DNA

（6）接下来填充互补配对的碱基，首先将两条DNA锁定（快捷键为"Ctrl＋2"），然后按住Shift键在竖直方向上绘制直线，如图5-8所示。

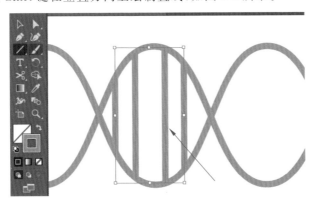

图 5-8　碱基的绘制

（7）调整碱基的位置，利用【选择工具】，将绘制好的碱基全部选中，在右侧属性栏的对齐面板选择【分布对象】，如图5-9所示，然后再选择【水平居中分布】。

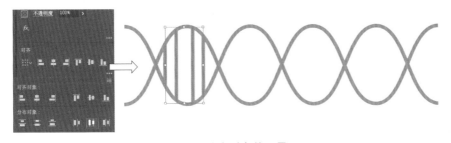

图 5-9　分布对象的设置

（8）将绘制好的碱基复制几份，放在合适的位置上。如果有的线条画得或短或长，可以用【直接选择】工具，框定锚点（框定前是空心方块，框定后是实心方块），按小键盘上下键可以增长或者缩短碱基线条。然后给碱基替换颜色，以区别于双螺旋线条颜色。取消锁定快捷键为"Ctrl＋Alt＋2"，选中波浪线，右击，选择【排列】→【置于顶层】，如图 5-10 所示。

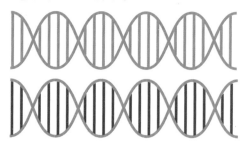

图 5-10　双螺旋 DNA

## 5.1.2　线性立体 DNA 双螺旋

### 1. 线性立体 DNA 立体效果——方法一

（1）如果想在线性 DNA 上添加立体效果，形成线性立体 DNA，可以通过以下操作实现。将 5.1.1 节绘制好的双螺旋 DNA 复制一条出来，选中并将其变粗，在属性栏中的【外观】→【描边】面板中进行设置，粗细为 8 pt，如图 5-11 所示。

图 5-11　设置线条粗细

（2）选中 8 pt 的波浪线条，复制并在其上方粘贴（快捷键为"Ctrl＋C"），在对象上方粘贴（快捷键为"Ctrl＋F"），此时鼠标选中的线条是粘贴在上方的那一条，不要单击其他位置，直接选择【外观】→【描边】，将复制出来的线条设置为 0.5 pt，并且将描边色改为白色，如图 5-12 所示。

（3）将这两条一粗一细的波浪线条选中，选择【对象】→【混合】→【建立】，如图 5-13 所示。

（4）将建立混合的线条复制出一条，放在合适的位置，如图 5-14 所示，即为线性立体 DNA。

图 5-12　复制并上方粘贴

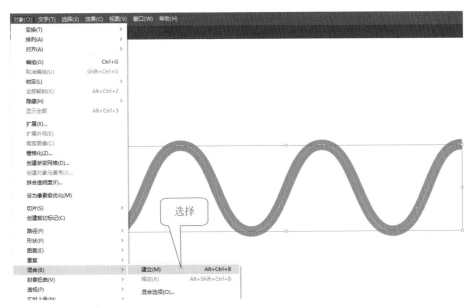

图 5-13　建立混合

图 5-14　线性立体 DNA

（5）如果觉得白色的细线条不是很自然，可以根据个人喜好尝试黄色或其他颜色，如图 5-15 所示。

图 5-15　线性立体 DNA（黄色）

**2. 线性立体 DNA 立体效果——方法二**

对于线性 DNA 的立体感处理还有一种方法,即使用【高斯模糊】,具体操作步骤如下。

(1) 绘制一条粗为 8 pt 的波浪线条,复制并在上方粘贴(快捷键分别是"Ctrl+C"和"Ctrl+F"),此时鼠标不要单击其他位置,选择【外观】→【描边】,将复制出来的线条设置为 3pt,并且将描边色改为白色。选中复制出来的白色线条,选择【效果】→【模糊】→【高斯模糊】,如图 5-16 所示。

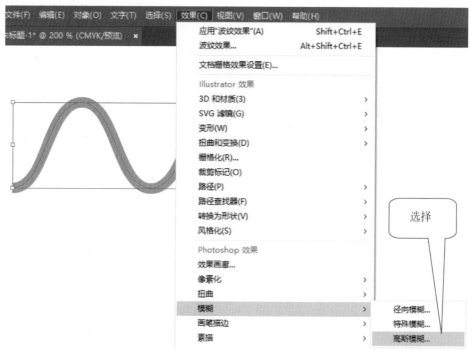

图 5-16　高斯模糊的选择

(2) 在【高斯模糊】选项卡中对半径像素进行更改,设置合适的模糊程度,显示较为合适的模糊效果,如图 5-17 所示。复制一份出来,置于合适位置,如图 5-18 所示。

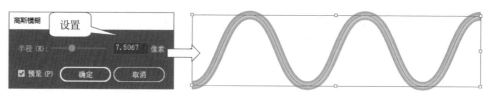

图 5-17　【高斯模糊】选项卡设置

图 5-18　线性立体 DNA（高斯模糊）

（3）如果需要对高斯模糊的像素大小进行更改，可以在属性栏选择【外观】→【高斯模糊】进行修改，如图 5-19 所示。

图 5-19　高斯模糊的修改

这里需要强调的是，当选择细线条时，可借助属性栏的【外观】→【描边】面板确定是否选择正确，因为上述提到的细线条是通过快捷键"Ctrl＋C"→"Ctrl＋F"复制粘贴得到的，两条线的路径完全重合，很容易造成两条线同时被选中，可通过查看【描边】面板，显示线条的粗细和颜色，辅助判定是否选择正确。

（4）设置高斯模糊后，可以用【剪刀工具】将线条剪断（在锚点处剪断），通过拼接，可以将 DNA 双链展示得更为和谐自然，便于观察，更改其中一条 DNA 链的颜色，如图 5-20 所示。

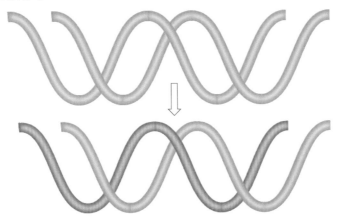

图 5-20　线性立体 DNA

## 5.1.3　丝带 DNA 双螺旋

（1）在矩形工具箱中选择【直线段工具】，绘制一条直线，粗细设置为 0.25

pt,选择【效果】→【扭曲和变换】→【波纹效果】,然后选择【对象】→【扩展外观】,将直线段路径变为实际的曲线段路径。复制一条出来,移动到合适位置,如图 5-21 所示。

图 5-21  丝带 DNA 雏形

(2)选择【直接选择工具】,框选两端的锚点,在属性栏的锚点面板中,选择【连接所选终点】,即连接锚点,两条线的末端就可以融合到一起,如图 5-22 所示。如果没有框选住锚点,则属性栏不显示锚点;如果只框选了一个锚点,则【连接所选终点】按钮为灰色不可用。这里把【直接选择工具】的强大功能体现得淋漓尽致。

图 5-22  连接锚点

(3)进行填充和描边的颜色添加,单击填充的前景色块,进行颜色选择并添加,如图 5-23 所示。

图 5-23  添加填充颜色

(4)如果觉得描边偏细,可以选中描边并在【外观】→【描边】面板中修改,改为 0.75 pt,同时复制出一条,放在合适的位置,即为丝带 DNA,如图 5-24 所示。

图 5-24  丝带 DNA

（5）为了加强 DNA 双链相互交错的立体感，可以进行如下操作。选择【直线段工具】，在竖直方向上绘制直线，为了保证是垂直方向，按住 Shift 键，放置在如图 5-25 所示的位置。

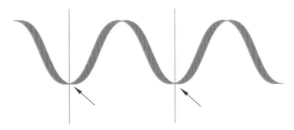

**图 5-25　绘制直线于丝带 DNA 上**

（6）将丝带 DNA 和直线一起选中，在属性栏中选择【路径查找器】→【分割】，此时丝带 DNA 就会被垂直的两条线分割，如图 5-26 所示。与此同时，直线也会消失。实际上，丝带 DNA 已被分割，只是还未显示，右击选择取消编组即可，如图 5-27 所示。

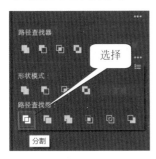
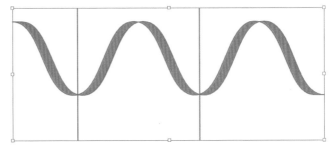

**图 5-26　直线分割丝带 DNA**

**图 5-27　丝带 DNA 已被分割**

（7）将每一小段 DNA 放置于合适的位置。将每一小段 DNA 分割，是为了方便调整每一小段 DNA 位于另一段 DNA 的上一层或下一层，利用【排列】→【置于顶层】或【置于底层】功能来修改并形成相互交错、衔接自然的丝带 DNA，如图 5-28 所示。

（8）为了更好地体现立体感，将其衔接得更加自然，可以将两条链设置为不同颜色，如图 5-29 所示。

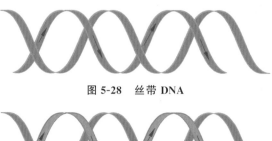

图 5-28　丝带 DNA

图 5-29　不同颜色的丝带 DNA

## 5.1.4　丝带立体 DNA 双螺旋

（1）将绘制好的丝带 DNA 复制一份出来，继续进行设置，通过渐变工具可以实现立体感的效果。选中一段曲线，选择填充颜色中的渐变，即可出现渐变的默认颜色，如图 5-30 所示。

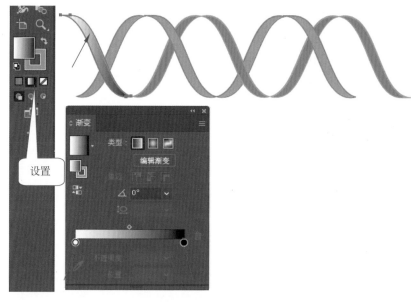

图 5-30　添加渐变

（2）根据需要或者喜好在渐变色块上选择颜色，这里还是根据原来的颜色借助白色体现渐变效果，如图 5-31 所示。

（3）将每一段曲线逐一更改颜色，全部完成后，即为丝带立体 DNA，如图 5-32 所示。

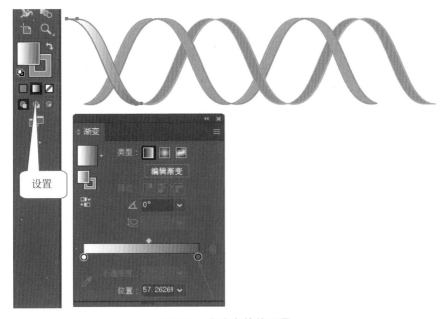

图 5-31  渐变色块的设置

图 5-32  丝带立体 DNA

补充说明：对于渐变的添加，可以是填充，也可以是描边。对于渐变模式，可以是径向，可以是线性，也可以是任意形状，根据需要进行设置即可。

## 5.2  细胞膜和核膜的绘制

在很多学术论文中，常使用细胞膜和核膜来表示细胞内、外以及细胞核内外基因和蛋白的生物学相关机理。细胞膜主要是由磷脂构成的富有弹性的半透性膜，膜厚 7～8 nm，对于动物细胞来说，其膜外侧与外界环境相接触，它的主要功能是选择性地交换物质，吸收营养物质，排泄废物，分泌与运输蛋白质。核膜是位于真核生物的核与细胞质交界处的双层结构膜，对核内外物质的交换有高度选择性，控制细胞核内外物质的交换运输和信息传输。以下讲解使用 Adobe Illustrator 软件绘制不同样式以及不同生理状态的生物膜。

### 5.2.1 细胞膜

在科研绘图中,常常利用磷脂双分子层来表示细胞膜,所以对于细胞膜示意图的展示,需要学会磷脂双分子层的绘制。

(1)选择【椭圆工具】,按住 Shift 键绘制正圆,选择【直线段工具】,按住 Shift 键绘制垂直向下的直线,并选择【曲率工具】,对直线在合适的位置添加两个锚点并各向左右方向拖曳,变成曲线;复制一条,置于正圆下方,用快捷键"Shift+F7"调出【对齐】面板,对齐两条曲线,如图 5-33 所示。

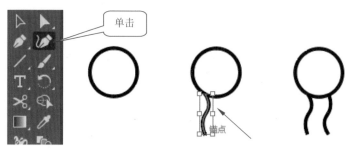

**图 5-33 圆形、直线及曲率工具的使用**

(2)对正圆进行渐变填充,选择喜欢的颜色,采用径向渐变模式,由圆心向四周渐变,如图 5-34 所示。

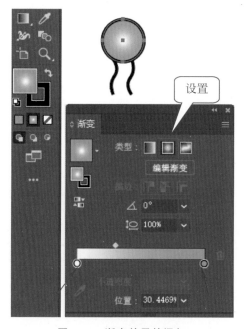

**图 5-34 渐变效果的添加**

（3）将正圆和两条曲线编组,右击,选择【变换】→【镜像】→【复制】,移动到合适的位置,即完成磷脂双分子层的单位元件,如图 5-35 所示。

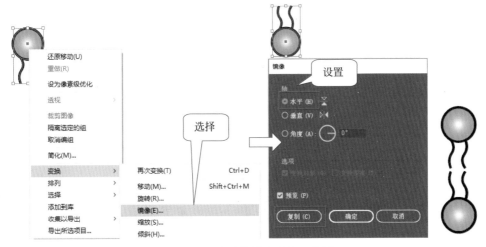

图 5-35　细胞膜的最小单位示意图

（4）复制一份出来(按住 Alt 键,拖曳)和第一个并排放置,使用【再次变换】功能(快捷键为"Ctrl+D"),多次操作即可使多份磷脂双分子层按直线排列,呈现完美的细胞膜,如图 5-36 所示。

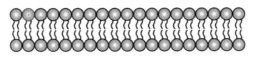

图 5-36　细胞膜

## 5.2.2　借助几何图形绘制含渐变颜色的细胞膜

在科研绘图中,有时需要完整展示细胞膜示意图,有时需要部分展示,在绘制轮廓时,可以借助几何图形来完成。下面绘制两个图,一个展示全部细胞膜,一个展示部分细胞膜。

（1）选择矩形工具箱中的【椭圆工具】,按住 Shift 键,绘制一个正圆,再绘制一个白色小正圆,放在大圆的左上角位置,如图 5-37(a)和图 5-37(b)所示,然后选择【对象】→【混合】→【建立】,变为图 5-37(c)。

（2）利用【曲率工具】绘制曲线,置于渐变圆形下方,编组,右击,选择【变换】→【镜像】→【水平】,移动到合适的位置,如图 5-38 所示。此时细胞膜的基本单位元件已经绘制完成。

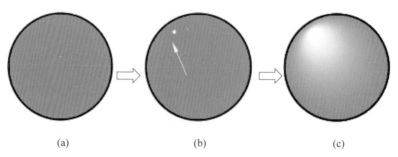

(a)                        (b)                        (c)

图 5-37　建立混合呈现渐变效果

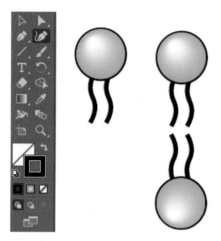

图 5-38　细胞膜的最小单位示意图

（3）将最小单位元件编组，选择【窗口】→【画笔】，如图 5-39 所示。

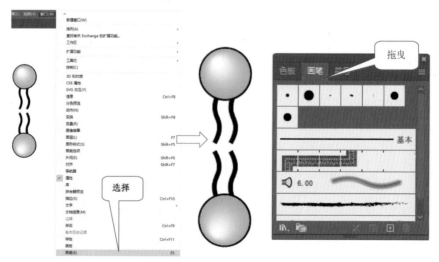

图 5-39　图案画笔的使用

（4）将绘制好的细胞膜最小单位拖曳进画笔窗口中，此时会弹出【新建画笔】选项卡，选择【图案画笔】，接下来进入【图案画笔】选项卡，可以进行【缩放】【间距】【翻转】【适合】等设置，一般可以按默认状态进行，如图 5-40 和图 5-41 所示。

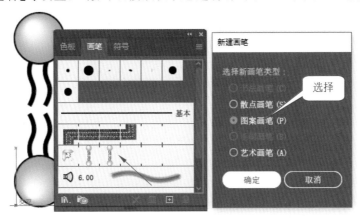

图 5-40　画笔选项卡

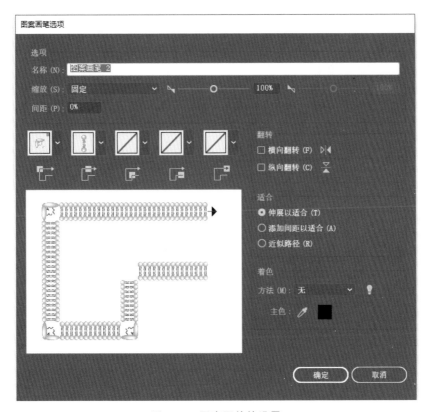

图 5-41　图案画笔的设置

（5）最后选择【椭圆工具】，绘制一个椭圆，单击刚刚拖曳进去的图形，即可完成椭圆细胞膜示意图，如图 5-42 所示。

**图 5-42 完整细胞膜**

（6）绘制部分细胞膜。在完整细胞膜的基础上，选择【椭圆工具】，绘制一个椭圆，具体大小可根据实际需要设置。选择【剪刀工具】，在【路径】上进行剪切，剪出合适长短的一段，然后单击【图案画笔】，即可完成部分细胞膜示意图的绘制，如图 5-43 所示。

**图 5-43 部分细胞膜**

此时，或许大家会有疑问，为什么不直接用【渐变工具】或者【渐变面板】来添加渐变效果，而是用【混合】→【建立】来完成？因为画笔工具不支持渐变效果元素，倘若强行将使用【渐变工具】绘制的图形拖入画笔中会显示"所选图稿包含不能在图案画笔中使用的元素"的报错信息。

### 5.2.3 凸显特殊位置的细胞膜

基于一些特殊的生理机制，尤其要展示细胞膜上特殊的生理变化，对特定的部位进行凸显（如更改颜色），来突出该部位的变化，可以通过以下操作实现。

（1）借助图 5-43 绘制好的部分细胞膜，利用【选择工具】将细胞膜选中，选中之后，路径为一条曲线（来自椭圆），也就是说，此时的细胞膜本质上来讲还是一条来自椭圆的曲线。选择【对象】→【扩展外观】，如图 5-44 所示。

（2）扩展外观之后，表面看似没有发生任何变化，实际是有变化的，利用【选择工具】将已经扩展了外观的图形选中，发现该曲线每一部分都变成由细胞膜单元构成的实际图形的路径走向，如图 5-45 所示。

（3）右击，选择【取消编组】，即可选中任意一个部位，再次选择【取消编组】，即可对任何部位进行更改编辑，如图 5-46 所示。这里再次选择【取消编组】，是因为刚开始建立时，是按照一个完整的图案画笔进行设置的。

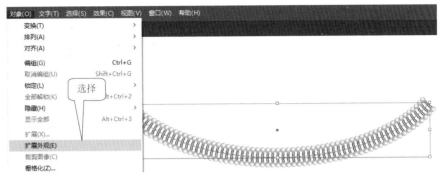

图 5-44　扩展外观

图 5-45　扩展外观后的图形样子

图 5-46　取消编组

（4）根据需要更改颜色来突出展示细胞膜的特定位置，如图 5-47 所示。

图 5-47　凸显特定的位置

## 5.2.4　线性核膜

细胞核核膜一个很重要的特征是具有核孔，在示意图中，需要将此结构展示出来，使用 Adobe Illustrator 软件，可进行如下操作绘制，用虚线作为核膜的示意图，虚线的间隙代表核孔。

（1）选择矩形工具箱中的【椭圆工具】，绘制一个椭圆，选择【剪刀工具】，在合适的位置剪切，选中需要的曲线，单击属性栏中的【外观】，单击【描边】面板，设置线条粗细为 5 pt，端点为圆头端点，虚线以及间隙的长度分别为 6 pt、8 pt，如图 5-48 所示。

（2）可以添加颜色以匹配全局，此时添加的是描边色，单击描边前面的颜色框，选择合适的颜色，如图 5-49 所示。

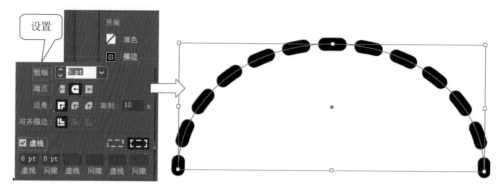

图 5-48　描边面板的使用

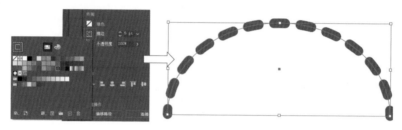

图 5-49　添加描边色

## 5.2.5　立体核膜

立体感可以很好地体现图形效果,【渐变工具】是首选工具之一,立体必定是在线性的基础之上进行调整,借助绘制好的线性核膜图 5-48 进行编辑设置。

(1) 利用【选择工具】,选中核膜,选择【对象】→【扩展】→【扩展外观】,如图 5-50 和图 5-51 所示。

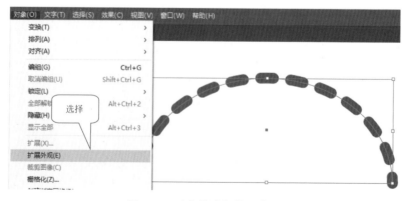

图 5-50　对曲线进行扩展外观

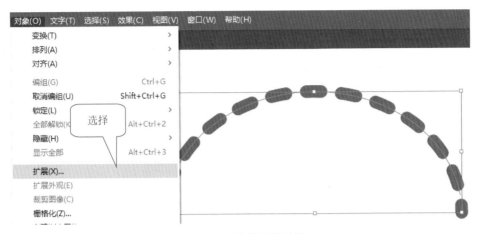

图 5-51　对曲线进行扩展

（2）此时会弹出【扩展】选项卡，需要将【填充】和【描边】勾选，单击"确定"按钮，如图 5-52 所示。

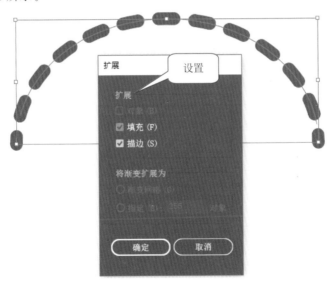

图 5-52　扩展面板的使用

（3）此时，线条已不再是简单的线条，而是可以添加填充和描边的线条，可以根据自己的喜好，选择填充色和描边色。将填充色改为渐变填充，如图 5-53 所示。上边的是整体渐变填充，选择的是径向渐变模式；下边的是取消编组并释放复合路径后，选择的是个体渐变填充，也是径向渐变模式。当然这里的描边也可以使用渐变模式。

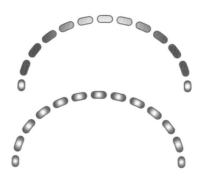

图 5-53　渐变填充

## 5.3　蛋白质的绘制

蛋白质是生命的物质基础,是有机大分子,是构成细胞的基本有机物,是生命活动的主要承担者,机体中的每一个细胞和所有重要组成部分都有蛋白质参与。在科学研究中,常需要在蛋白质水平开展探索,从功能上来说,一般呈现一级、二级、三级结构;从形态上来说,蛋白质一般以立体形态呈现,借助圆柱体来展示。利用 AI 绘制立体蛋白质结构,操作如下。

(1) 选择矩形工具箱中的【矩形工具】和【椭圆工具】,绘制一个矩形和两个椭圆,并且保证椭圆长轴和矩形宽边长度一致,如图 5-54 所示。绘制好矩形后,选择【椭圆工具】,当鼠标放在矩形宽边中间出现"交叉"字样时,按住 Alt 键固定圆心,绘制椭圆,与矩形两条长边交叉时,松开鼠标即可。

(2) 将绘制好的椭圆复制一份(快捷键为"Alt＋鼠标左键"),置于矩形底端,然后全部选中(快捷键为"Ctrl＋A"),进行编组(快捷键为"Ctrl＋G")。复制出 2份,和原来的并排放置,如图 5-55 所示。

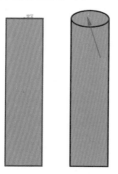

图 5-54　绘制矩形和椭圆

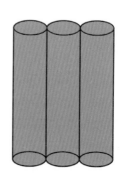

图 5-55　圆柱体的绘制

（3）选择【直线段工具】，鼠标点到第一个圆柱体上底的中心时开始画线，直到第二个圆柱体的中心结束。按住 Shift 键，横向绘制可得到水平直线段，竖直绘制可得到垂直直线段，如图 5-56 所示。

（4）使用【曲率工具】，在横、纵直线上左击，添加锚点，拖曳为有弧度的曲线，展示效果更为自然，如图 5-57 所示。

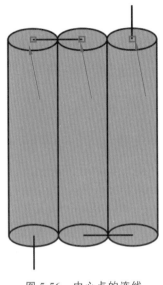

图 5-56　中心点的连线

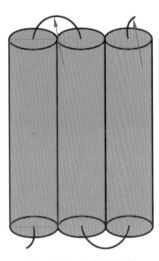

图 5-57　立体蛋白质

## 5.4　抗体的绘制

抗体是指机体由于抗原的刺激而产生的具有保护作用的蛋白质，是一种由浆细胞（效应 B 细胞）分泌，被免疫系统用来鉴别与中和外来物质如细菌、病毒等大型 Y 形蛋白质，仅被发现存在于脊椎动物的血液等体液中以及 B 细胞的细胞膜表面。抗体具有识别特定外来物的独特特征，外来物被称为抗原。在科研绘图中，常用近似 Y 形的示意图来展示抗体蛋白，在软件中，操作如下。

（1）选择矩形工具箱中的【矩形工具】，绘制一个矩形。再选择【椭圆工具】，按住 Shift 键绘制一个正圆，使用快捷键"Ctrl＋C"和"Ctrl＋F"，复制粘贴一个正圆，然后按住 Shift 键拖曳鼠标指针缩小上层的正圆，如图 5-58 所示。

图 5-58　矩形和正圆的绘制

（2）选择【选择工具】，选中大小不同的两个正圆，选择【剪刀工具】，沿水平直径的锚点进行剪切；选中下边的两个半圆，如图5-59所示，单击【属性栏】，选择【形状模式】→【减去顶层】，减去顶层以后，即可呈现图5-60所示的样子。

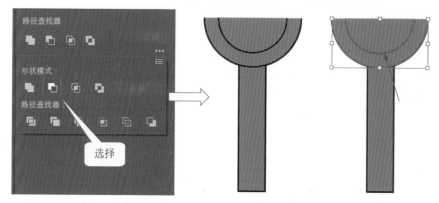

图 5-59　形状模式的使用

（3）此时，看似和抗体蛋白较为相似，但是还有一个细节问题。仔细观察图5-60，重链和轻链不是一个完全融合的整体，需要让二者在交叉处充分融合，选择【形状模式】→【联集】，即可完成抗体蛋白示意图，如图5-61所示。

图 5-60　减去顶层

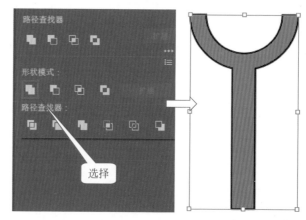

图 5-61　抗体蛋白

## 5.5　核小体的绘制

核小体是由DNA和组蛋白形成的染色质基本结构单位。每个核小体由146 bp的DNA缠绕组蛋白八聚体1.75圈形成。核小体核心颗粒之间通过50 bp左右的连接DNA相连。H1结合盘绕在八聚体上的DNA双链开口处，核小体的形状类似一个扁平的碟子或一个圆柱体,此时 DNA 的长度压缩 7 倍,称为染色质纤维。染色质就是由一连串的核小体所组成。当一连串核小体呈螺旋状排列构成纤丝状时,DNA 的压缩包装比约为 40。纤丝本身再进一步压缩后,成为常染色质的状态时,DNA 的压缩包装比约为 1000。有丝分裂时染色质进一步压缩为染色体,压缩包装比高达 8400,即只有伸展状态时长度的万分之一。在科研绘图中,常用示意图来展示核小体,在软件中,操作如下。

（1）选择【椭圆工具】绘制一个椭圆,选择【矩形工具】绘制一个矩形,确保矩形的宽度和椭圆的长轴长度一致,并且将其重叠,然后将椭圆复制一份出来（将该椭圆再复制一份放在旁边,备用）,置于矩形底部;同样的做法,将矩形宽边和第二个椭圆长轴重叠。将这三个图形全部选中,选择【路径查找器】→【形状模式】→【联集】,如图 5-62 所示。

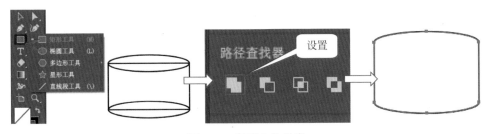

图 5-62　组蛋白的轮廓

（2）选择【剪刀工具】,将图 5-62 最后一个图的曲面顶部剪去,再用备用椭圆放置在其顶部,如图 5-63 所示。

图 5-63　剪刀工具的使用

（3）选择【直线段工具】绘制一条直线,通过顶部椭圆的圆心选中该条直线,右击,选择【变换】→【镜像】→【垂直】→【复制】,单击"确定"按钮,即可获得另一条通过顶部椭圆圆心的直线,如图 5-64 所示。

（4）选择【路径查找器】→【分割】,将椭圆分为 4 部分,右击,选择【取消编组】以便于观察,填充颜色,如图 5-65 所示。

（5）为便于观察,将组蛋白的下半部分也填充颜色。选择【矩形工具】绘制一个矩形,确保矩形长边和图 5-62 的矩形高度一致,宽边和图 5-65 的顶部下边扇形弦长一样,填充色改为白色,并用【曲率工具】在宽边中点位置添加锚点,拖曳并和紧挨着的曲线重合,如图 5-66 所示。

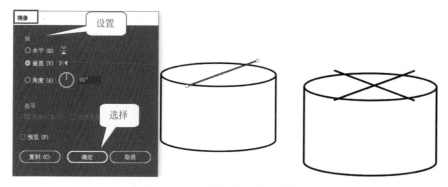

**图 5-64　交叉过圆心的直线段**

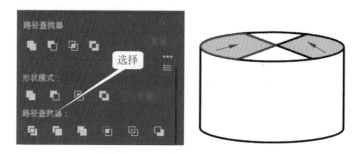

**图 5-65　直线分割几何图形**

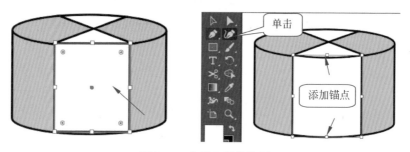

**图 5-66　曲率工具的使用**

（6）使用备用椭圆，用【剪刀工具】在长轴端点处剪切，如图 5-67 所示。

**图 5-67　剪切椭圆**

（7）选中上半部分，使用【宽度工具】将两端变细，如图 5-68 所示。

（8）复制一份，然后放置在图 5-66 合适的位置，如图 5-69 所示。

（9）将图 5-69 编组，使用快捷键"Ctrl＋G"复制 3 份出来，放置在合适的位置，如图 5-70 所示。

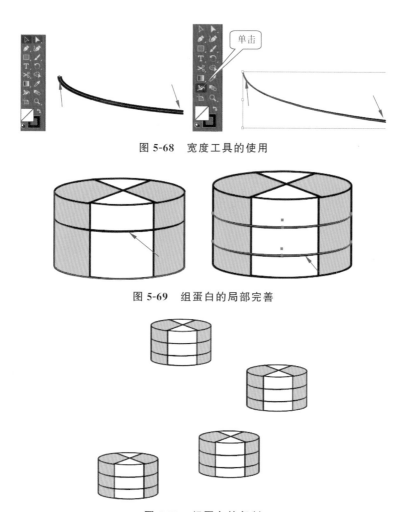

图 5-68　宽度工具的使用

图 5-69　组蛋白的局部完善

图 5-70　组蛋白的复制

（10）选择【曲率工具】，绘制围绕组蛋白的 DNA，选择属性栏的【描边面板】，将端点改为【圆头端点】，看起来更加形象逼真，如图 5-71 所示。这里强调一点，在绘制时，这条曲线是多段的，并非整条。全部绘制完成后效果如图 5-72 所示。

图 5-71　缠绕组蛋白的 DNA 曲线

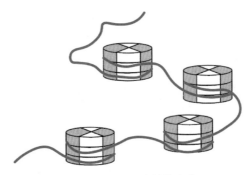

图 5-72　绘制完成的核小体

## 本章小结

通过本章学习,可以学会生命科学领域一些学术方面重要科研元素的绘制,其中有 DNA 双螺旋结构,根据展示效果所需,选择合适的类型呈现;细胞膜和核膜都是膜类物质,根据生物学机理,凸显局部变化;通过立体蛋白质的绘制,对立体感有一定的认知;对于抗体,掌握形状的加减以及对象分割的熟练使用;对于核小体,掌握基本几何图形的组合分离以及线条宽窄和端点的巧妙处理。掌握了这些特殊元素的绘制方法,可有效提高作图效率。本章高频率使用的快捷键基本与前面章节重复,这里不再赘述。

# 第 6 章

# 机理图的绘制

本章主要讲解利用 Illustrator 2022 绘制比较复杂的机理图,为此从 *Nature Reviews* 期刊中精选了 3 篇文章,分别为 *The lung microenvironment：an important regulator of tumour growth and metastasis*,*Pathological inflammation in patients with COVID -19：a key role for monocytes and macrophages* 和 *Immune response in COVID -19：what is next?*,选择其中的机理图进行描摹绘制。另外,对本课题组发表在 *Biology of Reproduction* 杂志上的文章 *Transcriptomic analysis of testis and epididymis tissues from Banna mini-pig inbred line（BMI）boars with single-molecule long-read sequencing* 的摘要图进行创作绘制。通过学习本章内容,可以学会剖析一些复杂机理图,并使用 Adobe Illustrator 软件绘制,结合自己的专业进行创作。

## 6.1 *The lung microenvironment：an important regulator of tumour growth and metastasis* 机理图的绘制

### 6.1.1 阅读图片

肺癌是起源于肺部支气管黏膜或腺体的恶性肿瘤,其发病率和死亡率增长较快,是对人群健康和生命威胁最大的恶性肿瘤之一,也是全球癌症死亡的主要原因之一,近 50 年来许多国家都报道肺癌的发病率和死亡率均明显增高。肿瘤微环境可以作为识别临床效用的生物标志物,且具有开发新的靶向治疗肺癌的潜力。肺微环境如何通过促进炎症、血管生成、免疫调节和治疗反应来促进原发性肺肿瘤和肺外肿瘤的肺转移,在肺转移性生态位的机理图进行呈现,原图如图6-1所示。

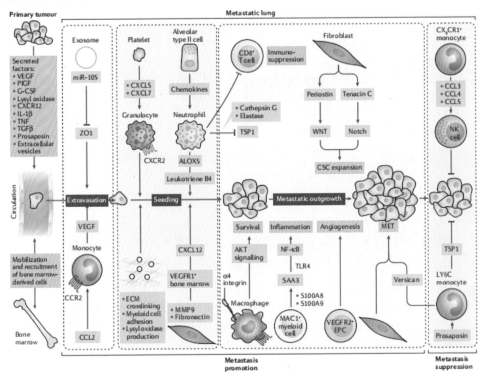

**图6-1 肺转移性生态位**[10]

## 6.1.2 分析思路

就绘制图片而言,思路分析如下。

(1)大致浏览全图,图中包含几大块。本图可纵向分为两个部分,第一部分,没有底色背景;第二部分,有底色背景,且第二部分又分为转移性促进和转移性抑制,可以先绘制第二部分。

(2)宏观分析,图中含有什么元素,可以使用什么工具解决。本图含有圆形、矩形等基本几何图形,可以使用【矩形工具】【椭圆工具】来完成,相对比较简单。还有一些不规则的图形表示肿瘤细胞,梭形表示肌纤维细胞,可以使用【曲率工具】完成。另外多种形式的箭头,可以使用属性栏中【描边面板】的箭头进行绘制。

(3)细节分析,如骨头示意图,可以使用【曲率工具】实现。ECM交联、骨髓细胞黏附、赖氨酰氧化酶的产生等,可以使用【宽度工具】解决。

（4）色彩模式分析。可以选择吸取原图片的颜色搭配，也可以自行选色搭配。这里先考虑原图色彩，柔和且舒服，需要使用到【透明度面板】，还有一些细胞具有明显的立体感，可以考虑用【渐变工具】来实现。

### 6.1.3　使用 Adobe Illustrator 软件绘制

（1）打开软件，选择【更多预设】，设置文档名称为"肺转移性生态位"，"宽度"为 210 mm，"高度"为 297 mm，即标准的 A4 幅面大小，"颜色模式"为 RGB 颜色，最后单击【创建】按钮，新的文档就创建好了，如图 6-2 所示。

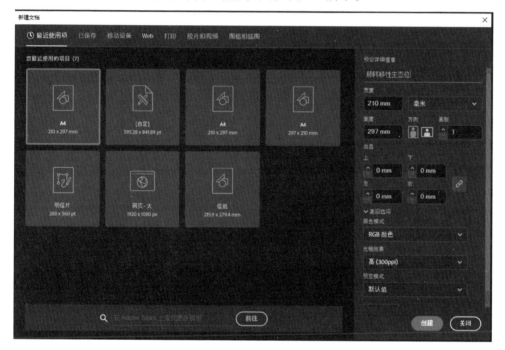

**图 6-2　创建文档**

（2）如果可以获得原图的图片格式（如 PNG/JPEG/TIFF），那么可以选择菜单栏的【文件】→【置入】，查找图片在电脑中的路径，即可将该图片置入新建文档。如果无法获得原图，也可以通过截图的方式粘贴到新创建的文档中。如果图片较大，可以将原图放置在合适的位置（方便操作），比如放置在新建文档的上部，选中图片并锁定，建议使用快捷键"Ctrl+2"，以方便后续操作，如图 6-3 所示。

（3）根据图片分析，进行分步绘制。首先绘制底色背景。在矩形工具箱中选择【矩形工具】，矩形大小以原图的尺寸为准。绘制好矩形后，选中锚点，向内部拖曳，得到合适的圆角角度，即为需要的圆角矩形，如图 6-4 所示。

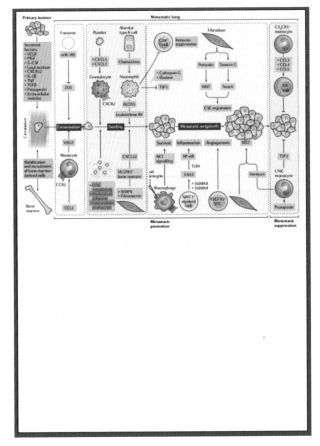

图 6-3　置入图片[10]

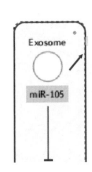

图 6-4　圆角矩形的绘制

（4）选中绘制好的圆角矩形,单击属性栏的【描边面板】,勾选"虚线"并进行
设置,虚线长度为 3 pt,间隙为 2 pt,将圆角矩形的描边线条变为虚线,如图 6-5
所示。

（5）选中虚线圆角矩形,使用【吸管工具】添加填充色,在原图的相应位置单
击,也可以选择接近的颜色进行填充。此时发现虚线描边消失了,那么需要再次操
作第（4）步。之后用属性栏中【外观】面板下面的【不透明度】调整出较为柔和的颜
色,设置为 80% 即可,如图 6-6 所示。

（6）剩余部分的底色背景框,可用同样方法绘制,如图 6-7 所示。

（7）将背景框中的全部元素,按从上到下、从左到右的顺序分类绘制。先绘制
促进转移的第一小部分,浅绿色的圆角矩形中的元素,外泌体用正圆表示,单核细
胞用正圆表示。为了方便操作,将背景框在 Adobe Illustrator 中全部锁定（快捷键
为"Ctrl+2"）。选择矩形工具箱中的【椭圆工具】,按住 Shift 键绘制正圆,再按 Alt

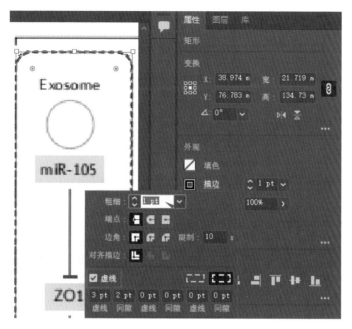

图 6-5 描边面板的虚线设置

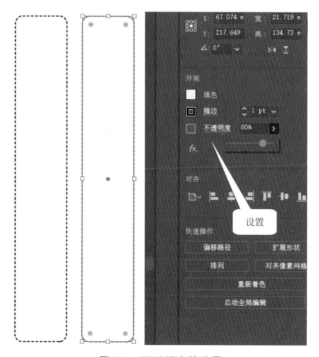

图 6-6 不透明度的设置

图 6-7　背景绘制

键固定圆心。然后更改填充和描边颜色。继续绘制正圆,表示单核细胞,选择【渐变工具】,选用径向渐变模式,绘制椭圆,表示细胞核,再选择【曲率工具】将椭圆变形,变为原图的样子。正圆描边粗细设置为 1 pt,如图 6-8 所示。

(8)绘制促进转移的第二小部分,浅紫色的圆角矩形中的元素,血小板、粒细胞和肺泡Ⅱ型细胞、嗜中性粒细胞均为不规则图形,以及最下边的纤维连接蛋白,都需要借助矩形工具箱的基本几何图形,即【曲率工具】和【渐变工具】来完成。另外,细胞外基质交联、骨髓细胞黏附、赖氨酰氧化酶产生的细节部分,圆形需要用到【椭圆工具】,粉色图形需要借助【宽度工具】。这里详细讲述一下粒细胞、肺泡Ⅱ型细胞、细胞外基质交联、骨髓细胞黏附、赖氨酰氧化酶产生的细节部分和纤维连接蛋白的绘制步骤。

图 6-8　外泌体和单核细胞示意图

(9)粒细胞:选择【曲率工具】,描摹轮廓,设置描边为黑色,粗细为 1 pt。选择【渐变工具】设置径向渐变模式,并用【吸管工具】吸取原图颜色,如图 6-9 所示。内部元素,选择矩形工具箱中的【椭圆工具】,按住 Shift 键绘制正圆并复制,选择【矩形工具】,变为圆角矩形,选择【剪刀工具】切掉一半,利用椭圆工具,按住 Shift 键绘制三个小的正圆并放置在合适位置。此时,粒细胞绘制完成,如图 6-10 所示。特别提示,【剪刀工具】必须剪在路径或锚点上才可以使用。

(10)肺泡Ⅱ型细胞:选择矩形工具箱中的【矩形工具】绘制矩形,选择【直接选择工具】,按住 Shift 键,选中左上顶点,即锚点,向右拖曳,变为等腰梯形,如图 6-11 所示。然后选择钢笔工具箱中的【锚点工具】,转动手柄,将等腰梯形的 4 个顶点变为

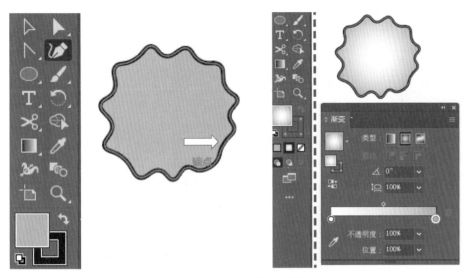

**图 6-9 粒细胞的轮廓绘制**

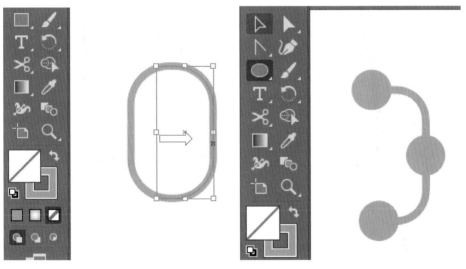

**图 6-10 粒细胞内部元素**

圆角,即为圆角等腰梯形,最后进行颜色填充和内部元素添加,如图 6-12 所示。

（11）细胞外基质交联、骨髓细胞黏附和赖氨酰氧化酶产生的细节部分：选择【直线段工具】,跟着原图绘制一些相互交错的直线,然后选择【宽度工具】,将每一条直线的中间拖宽或者两端拖细,如图 6-13 所示,最后在上边添加正圆即可。

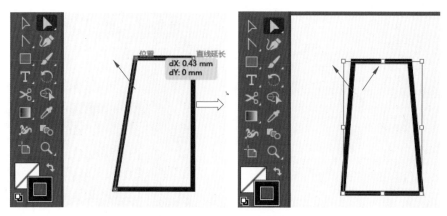

图 6-11　直接选择工具的使用

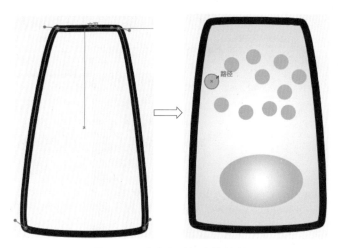

图 6-12　肺泡Ⅱ型细胞的绘制

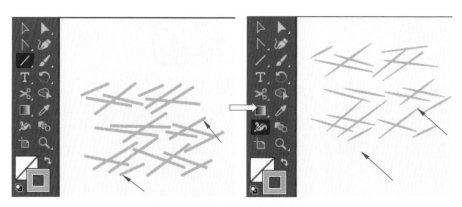

图 6-13　细胞外基质交联的绘制

（12）纤维连接蛋白：选择矩形工具箱中的【椭圆工具】，选择【曲率工具】将椭圆变为原图的梭形样子，如图 6-14 所示。然后进行渐变填充，选择径向渐变模式，如图 6-15 所示。

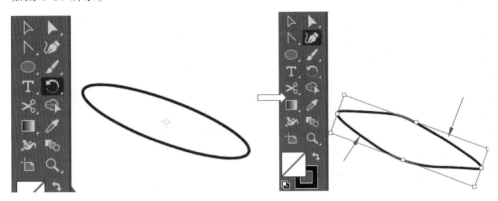

图 6-14　梭形细胞的绘制

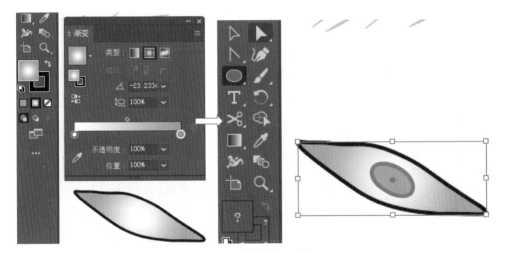

图 6-15　纤维连接蛋白

（13）将以上元素全部绘制完成，如图 6-16 所示。

（14）绘制促进转移的第三部分，即浅粉色的圆角矩形中的元素，如果再次出现前面已经绘制过的元素，直接复制即可。这部分主要绘制 CD8[+] T cell 和巨噬细胞。其中 CD8[+] T cell，选择矩形工具箱中的【椭圆工具】，按住 Shift 键绘制正圆，选择【吸管工具】吸取原图颜色作为填充色，描边色为黑色。以同样的方法再绘制一个正圆，去掉描边。然后，选择【渐变工具】，将大圆改为径向渐变模式，最后将小圆放置在大圆中合适的位置，如图 6-17 所示。

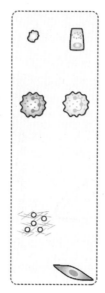

图 6-16　血小板及肺泡Ⅱ型细胞的绘制

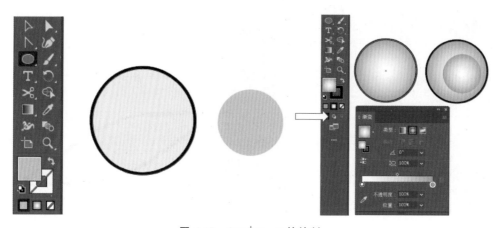

图 6-17　CD8$^+$T cell 的绘制

（15）巨噬细胞，选择【曲率工具】绘制轮廓，选择【吸管工具】吸取原图的颜色。选择【渐变工具】的径向渐变模式进行更改。然后选择【椭圆工具】绘制椭圆，再用【曲率工具】将椭圆拖曳成原图的样子，添加渐变，如图 6-18 所示。

（16）此时，该部分绘制情况如图 6-19 所示。

（17）绘制转移抑制部分，CX3CR1$^+$单核细胞与 LY6C 单核细胞可以借助前面绘制好的。NK 细胞，选择【椭圆工具】，按住 Shift 键，绘制正圆，选择【吸管工具】吸取原图颜色，以同样的方法再绘制一个正圆，如图 6-20 所示。

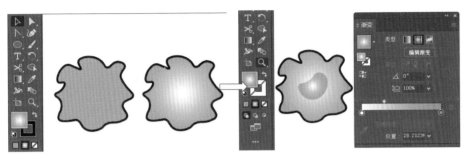

图 6-18  巨噬细胞的绘制

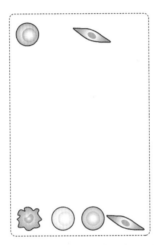

图 6-19  转移促进的第三部分绘制

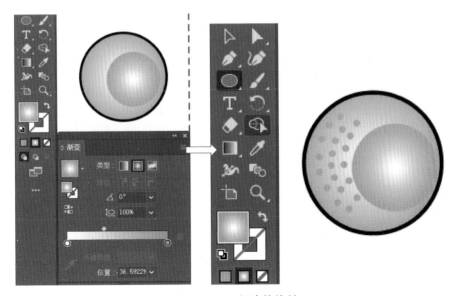

图 6-20  NK 细胞的绘制

（18）选择【矩形工具】绘制图中所有的文字底框，其中，蛋白酶 G 和水解酶的文字底框的绘制，先选择【矩形工具】绘制矩形，然后选择【直线段工具】绘制直线，选择【宽度工具】将靠近矩形的位置变宽，另一端变细，移动到合适位置，吸取原图的颜色，将直线和矩形编组（快捷键为"Ctrl＋G"），如图 6-21 所示。剩余的选择【矩形工具】和【吸管工具】就可以完成，如图 6-22 所示。

**图 6-21　基本几何图形组合**

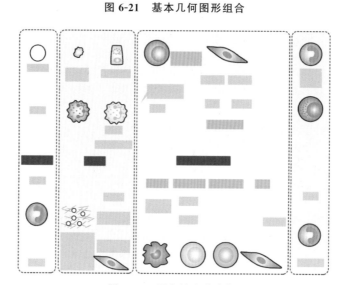

**图 6-22　所有的文字底框**

（19）绘制第一部分，即没有背景底框的部分，文字底框同上，主要是原发肿瘤、循环流动、骨髓的绘制。对于原发肿瘤，选择【椭圆工具】绘制椭圆，用【曲率工具】拖曳成原图的样式。用【吸管工具】吸取填充色，用【渐变工具】进行渐变填充。如图 6-23 所示。

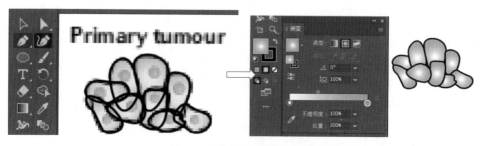

**图 6-23　肿瘤细胞质的绘制**

（20）绘制正圆,填充渐变颜色,并将每个肿瘤细胞排列层次,右击,选择【排列】→【置于顶层】,如图 6-24 所示。

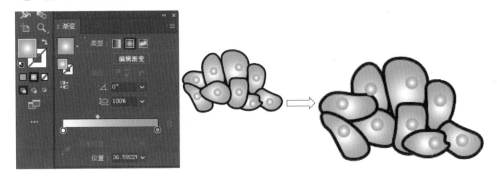

**图 6-24 肿瘤细胞核的绘制及其排列**

（21）同样的方法,绘制其他 5 个位置的肿瘤细胞,如图 6-25 所示。

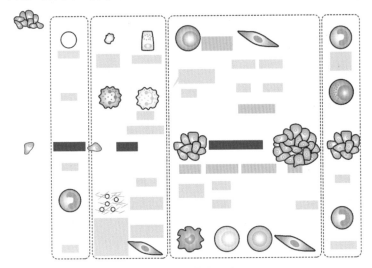

**图 6-25 肿瘤细胞**

（22）绘制循环流动部分,选择【矩形工具】绘制矩形,变为圆角矩形,然后选择【曲率工具】将圆角矩形拖曳变形,类似原图的样子,添加渐变,如图 6-26 所示。

（23）选择【椭圆工具】,绘制椭圆作为细胞核,复制三份置于合适的位置。绘制矩形,置于循环部分的管道中间,并且设置渐变填充,选择垂直方向上的线性渐变,增加一个颜色块(左击即可增加),即变为由白色渐变到粉色再渐变到白色,如图 6-27 所示。

（24）骨髓部分的绘制,选择【曲率工具】和【吸管工具】,如图 6-28 所示。

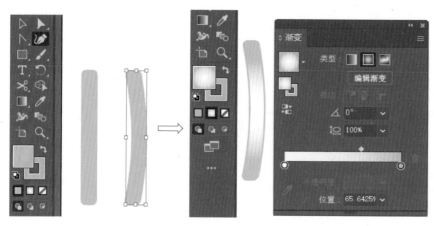

图 6-26　弯曲矩形的绘制

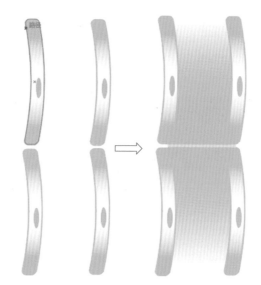

图 6-27　循环部分

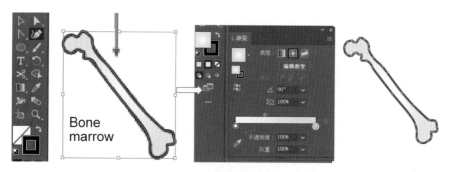

图 6-28　骨髓的绘制

（25）选用【曲率工具】绘制受体 CCR2，同样的方法绘制 CXCR2 受体、巨噬细胞的受体和 α4 整联蛋白，如图 6-29 所示。

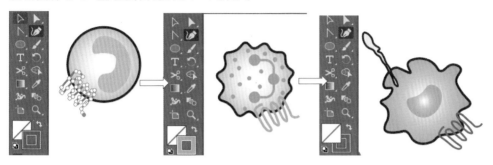

图 6-29 受体的绘制

（26）上标和下标，如 MAC1$^+$ 骨髓细胞、MAC1$^+$ myeloid cell、VEGFR2$^+$ EPC 和 CX$_3$CR1$^+$ 单核细胞，选择【文字工具】编辑文字，选中需要上标的"＋"，单击【字符面板】中的上标就可以了，如图 6-30 所示。其他的文字部分，选择【文字工具】编辑文字，如图 6-31 所示。

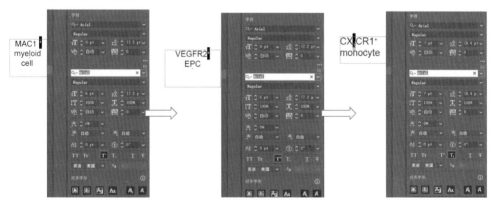

图 6-30 文字上标、下标的设置

（27）选择【直线段工具】和【描边面板】绘制箭头，另外一些特殊的箭头需要借助基本几何图形进行绘制。双向箭头的绘制，如骨髓到骨髓源性细胞的动员和募集，是用双向箭头表示的，选择【直线段工具】，按住 Shift 键，竖直绘制一条直线，单击属性栏的【描边面板】，两端添加箭头，再进行比例设置，就可以实现双向箭头的绘制，如图 6-32 所示。

（28）由中性粒细胞到 CD8$^+$ T cell 的箭头，用上述方法添加箭头后，需要给直线段添加弯曲效果，选择【曲率工具】，在需要弯曲的位置拖曳，就可以实现这一效果，如图 6-33 所示。

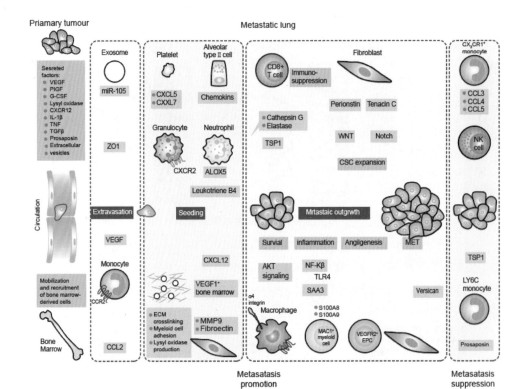

图 6-31　文字编辑

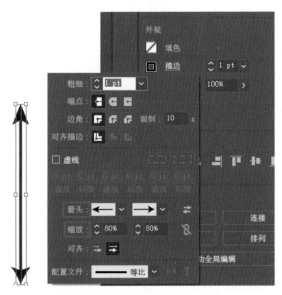

图 6-32　双向箭头的绘制

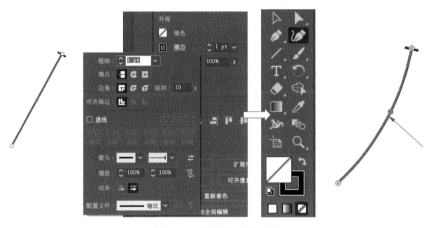

图 6-33 弯曲箭头的绘制

（29）成纤维细胞分化为骨膜素和肌腱蛋白 C 的箭头，可以借助基本几何图形完成。选择【矩形工具】变为圆角矩形，用【剪刀工具】在合适的位置剪切，将多余部分去除，如图 6-34 所示。

图 6-34 剪切圆角矩形

（30）将剪切下来的部分右击，选择【变换】→【镜像】，会弹出镜像选项卡，选择水平、复制，就可以获得镜像变换的部分，然后进行拼接，如图 6-35 所示。

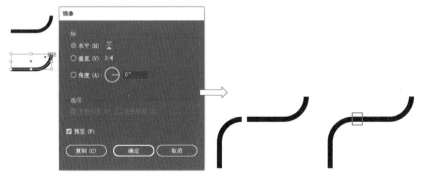

图 6-35 拼接线条

（31）将拼接的线条真正融合为一条，选择【直接选择工具】，单击属性栏中的【锚点】→【连接所选终点】，如图 6-36 所示。

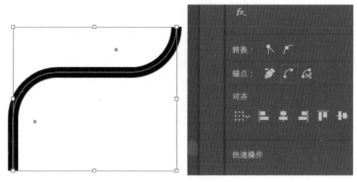

图 6-36　连接锚点

（32）在【描边面板】中设置箭头方向以及比例，如图 6-37 所示，然后右击，选择【变换】→【镜像】，复制一份出来，组成需要的箭头样子。

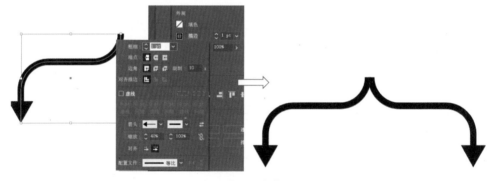

图 6-37　组合箭头

（33）最上边和最下边的概括线段，也可以借助基本几何图形完成，选择【矩形工具】绘制矩形，用【剪刀工具】在宽边的位置剪切，分离开来，即可完成，如图 6-38 所示。

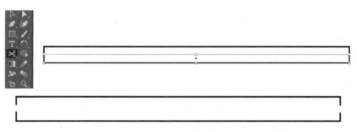

图 6-38　概括线段

（34）仔细核对，注意细节部位，如有遗漏，应及时补充。到此，肺转移性生态位已经完成，如图 6-39。

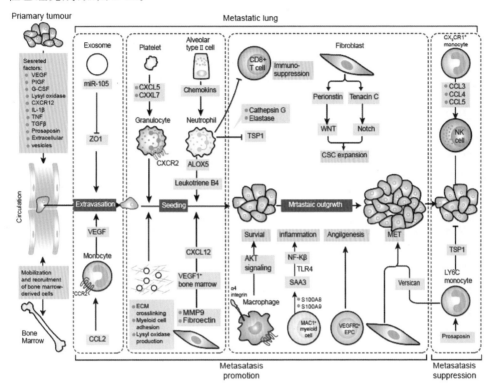

**图 6-39　绘制完成的肺转移性生态位**

## 6.2　*Pathological inflammation in patients with COVID -19: a key role for monocytes and macrophages* 机理图的绘制

### 6.2.1　阅读图片

冠状病毒是一个大型病毒家族，可引起感冒、中东呼吸综合征（MERS）和严重急性呼吸综合征（SARS）等较严重疾病。新型冠状病毒是以前从未在人体中发现的冠状病毒新毒株，COVID-19 是由 SARS-CoV-2 感染引起的，SARS-CoV-2 诱导过度炎症反应是导致受感染患者疾病严重程度和死亡的主要原因。巨噬细胞是一种先天免疫细胞，通过产生消除病原体和促进组织修复的炎症分子来感知和应对微生物的威胁。然而，巨噬细胞反应失调可能对宿主造成损害，这在严重感染引起的巨噬细胞激活综合征中可见,包括相关病毒 SARS-CoV 的感染。COVID-19 中单核细胞来源的巨噬细胞过度活化和过度炎症的可能途径,如图 6-40 所示。

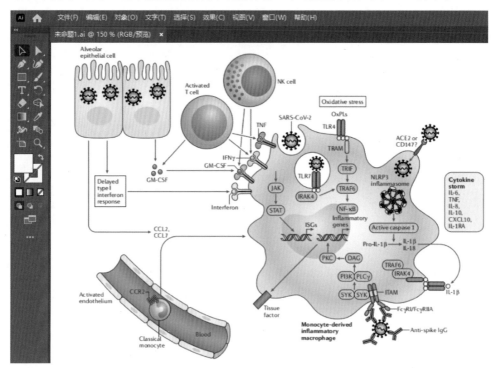

图 6-40 置入原图[11]

## 6.2.2 分析思路

（1）大致浏览全图。本图总体来说是由一些不规则的图形构成的,肺泡上皮细胞、血管、单核细胞来源的炎症性巨噬细胞都是用不规则图形展示的。NK 细胞以及 T 细胞是用规则的正圆来展示的。

（2）宏观分析。肺泡上皮细胞需要用到矩形工具、曲率工具以及路径查找器；血管需要用到矩形工具、椭圆工具以及渐变工具；单核细胞来源的炎症性巨噬细胞需要用到矩形工具、椭圆工具、曲率工具、路径查找器等。

（3）细节分析。血管内部有明显的立体感和空间感；单核细胞来源的炎症性巨噬细胞中有丝带立体 DNA 双螺旋,有 SARS-CoV-2 病毒,还有细胞因子等。

（4）色彩模式分析。本图整体颜色搭配明快舒畅,NK 细胞及 T 细胞有渐变效果,单核细胞来源的炎症性巨噬细胞过程也有渐变效果。

### 6.2.3　使用 Adobe Illustrator 软件绘制

（1）创建新建文档，设置大小为 A4，颜色模式为 RGB。选择【文件】→【置入】，选择绘制的原图，置入后，调整到合适大小，锁定图片，便于后续操作，锁定目标对象（快捷键为"Ctrl＋2"），如图 6-40 所示。

（2）绘制肺泡上皮细胞。选择矩形工具箱中的【矩形工具】，绘制和原图一样大小的矩形，并拖曳顶点内部的小圆圈变成圆角矩形。然后选择【曲率工具】绘制上半部分曲折的不规则线条，最后在下方接头，形成闭合的形状，如图 6-41 所示。

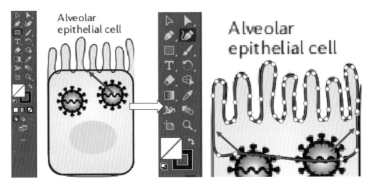

**图 6-41　圆角矩形和不规则形状的绘制**

（3）将上一步的圆角矩形和不规则图形放置在合适的位置，全部选中，选择属性栏中的【路径查找器】→【联集】，然后用【曲率工具】调整细节的位置，变得更为圆润，如图 6-42 所示。

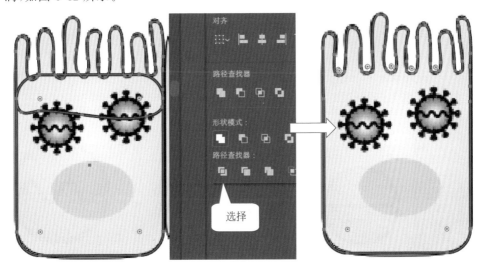

**图 6-42　肺泡上皮细胞**

（4）选择矩形工具箱的【椭圆工具】，绘制和原图一样大小的椭圆，选择【吸管工具】，吸取细胞和细胞核的颜色，将细胞颜色添加渐变，选择径向渐变模式，如图 6-43 所示。

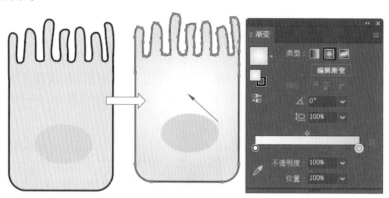

图 6-43　肺泡细胞渐变填充

（5）绘制 SARS-CoV-2 病毒，选择矩形工具箱中的【椭圆工具】，按住 Shift 键绘制正圆，选择【渐变填充】→【径向渐变】，吸取原图的紫色，如图 6-44 所示。

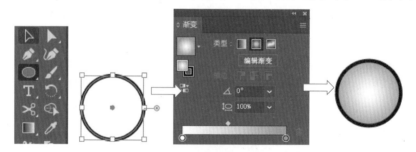

图 6-44　病毒渐变填充

（6）选择矩形工具箱中的【直线段工具】，按住 Shift 键，水平拖动，绘制一条直径，然后选择【效果】→【扭曲和变换】→【波纹效果】，设置选项卡，如图 6-45 所示。

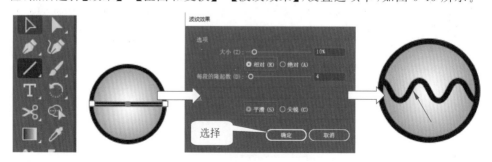

图 6-45　细胞核 DNA 的展示

（7）绘制病毒的一些糖蛋白,选择矩形工具箱中的【多边形工具】绘制正三角形,选择【直接选择工具】,将正三角形的三个顶点变为圆弧状,再选择【直线段工具】,按住 Shift 键,绘制一条竖直的直线,选择宽度工具,将上半部分宽度变窄,如图 6-46 所示。

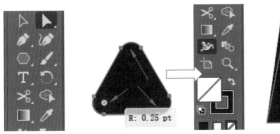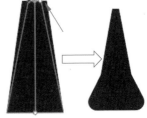

**图 6-46　糖蛋白的绘制**

（8）将上图绘制好的小部件编组,选中,右击,选择【变换】→【镜像】,设置镜像选项卡,复制一份出来,放在合适的位置,如图 6-47 所示。

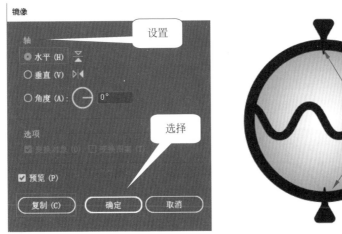

**图 6-47　糖蛋白的复制**

（9）将这两个小部件编组,选择【变换】→【旋转】,设置旋转选项卡,旋转角度为 30°,复制,然后使用快捷键"Ctrl＋D"再次变换,连续使用 4 次快捷键,即可完成绘制,如图 6-48 所示。

（10）将病毒放置在肺泡细胞合适的位置,并且复制一份出来,如图 6-49 所示。

（11）绘制 T 细胞和 NK 细胞,选择矩形工具箱中的【椭圆工具】绘制正圆,然后选择【吸管工具】吸取原图颜色,如图 6-50 所示。

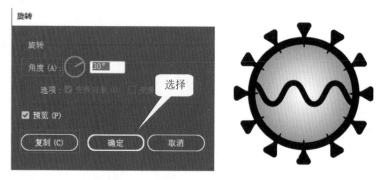

图 6-48    SARS-CoV-2 病毒的绘制

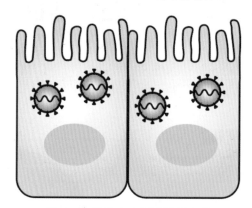

图 6-49    肺泡上皮细胞绘制完成

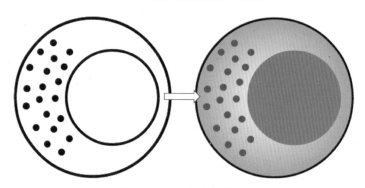

图 6-50    NK 细胞的绘制

（12）细胞中一些小的物质用小圆点表示，需要设置整体渐变效果，将所有的小圆点选中，编组，作为一个整体进行渐变填充，选择【对象】→【复合路径-建立】，再进行渐变效果的编辑，选择【渐变工具】对渐变范围进行调整，如图 6-51 所示。

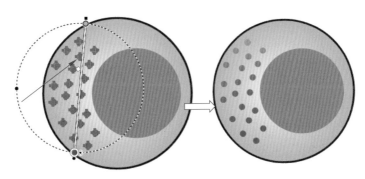

图 6-51　整体渐变的设置

（13）选择矩形工具箱中的【椭圆工具】，按住 Shift 键绘制正圆，选择【吸管工具】吸取原图颜色，即可完成 T 细胞的绘制。这里不再作图展示。

（14）绘制血管，选择矩形工具箱的【矩形工具】绘制血管大小的矩形，借助【曲率工具】，在合适的位置添加锚点，进行拖动，并添加渐变颜色，如图 6-52 所示。

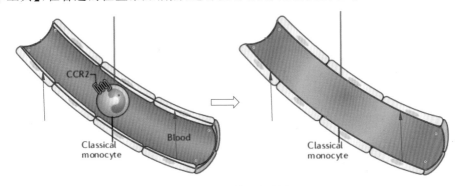

图 6-52　血管添加渐变

（15）绘制血管壁，选择【矩形工具】绘制矩形，并变成圆角矩形，摆放在合适的位置，作为血管壁。然后选择【椭圆工具】绘制椭圆，作为细胞核。使用【矩形工具】和【曲率工具】绘制血管端部，如图 6-53 所示。

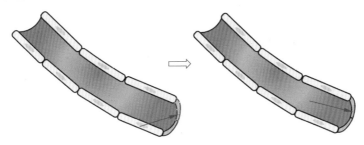

图 6-53　血管壁的绘制

（16）绘制单核细胞，选择矩形工具箱的【椭圆工具】绘制正圆，再绘制一个椭圆，使用【曲率工具】绘制细胞核，使用【吸管工具】吸取原图颜色，将细胞添加径向渐变，如图 6-54 所示。

（17）绘制 CCR2 受体，使用【曲率工具】绘制，之后，选择【对象】→【扩展】，设置扩展选项卡，单击"确定"按钮，然后设置填充色和描边色，如图 6-55 所示，血管部分就绘制完成了。

图 6-54　单个细胞的绘制

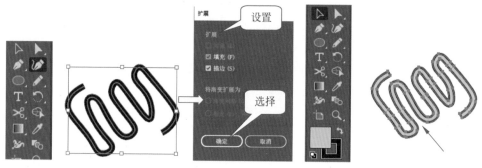

图 6-55　CCR2 受体的绘制

（18）绘制单核细胞来源的炎症性巨噬细胞，使用【曲率工具】绘制细胞的轮廓。使用【吸管工具】吸取颜色，并设置为径向渐变。使用【椭圆工具】绘制椭圆，借助【曲率工具】拖动成原图中细胞核的样子，如图 6-56 所示。

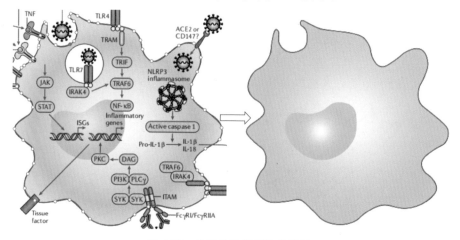

图 6-56　炎症性巨噬细胞的绘制

（19）绘制丝带立体 DNA 双螺旋结构，如图 6-57 所示，具体操作方法这里不再赘述，详见 5.1.4 节。

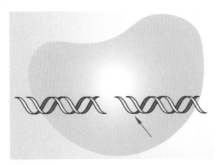

图 6-57 DNA 双螺旋结构的绘制

（20）绘制细胞膜上的细胞因子，如 TNF，使用曲率工具绘制出一半，右击，选择【变换】→【镜像】，复制一份出来，使用【旋转工具】将其摆放合适，如图 6-58 所示。

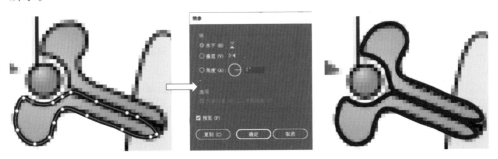

图 6-58 TNF 的绘制

（21）使用【椭圆工具】绘制正圆，然后使用【吸管工具】吸取原图颜色，更换颜色即可完成 IFNγ、GM-CSF、Interferon，如图 6-59 所示。

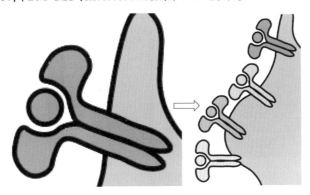

图 6-59 细胞因子的绘制

（22）绘制 TLR4，选择【矩形工具】，并变为圆角矩形，选择【椭圆工具】，按住 Shift 键绘制正圆，摆放在合适的位置，即可完成绘制，同时，可以完成 TLR7、IL-1β、FcγRI/FcγRIIA 的绘制。另外，TLR7 绘制成一个白色的正圆，置于合适的位置。如图 6-60 所示。

（23）绘制 Anti-spike IgG，选择【直线段工具】，按住 Shift 键竖直绘制一条直线，然后倾斜绘制一条直线，将两条直线的端点重叠。选择属性栏的【描边面板】，将直线段端点改为圆头端点，如图 6-61 所示。

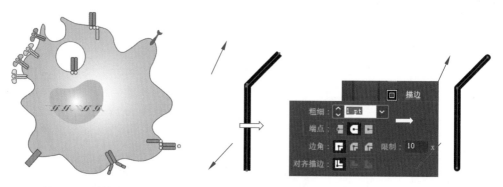

图 6-60　受体的绘制　　　　　　　　　　图 6-61　线段端点的设置

（24）将两条直线段选中，选择【对象】→【扩展外观】，设置填充色和描边色，使用【吸管工具】吸取原图颜色，如图 6-62 所示。

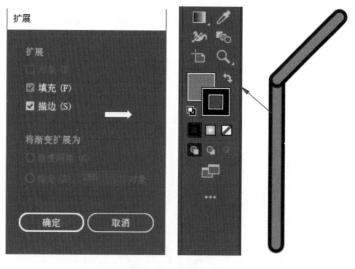

图 6-62　扩展外观

（25）选择【路径查找器】→【联集】，即可完成连接。同样的方法，绘制剩余部分，右击，选择【变换】→【镜像】，复制一份出来，放在合适位置，如图 6-63 所示，复制出 3 份，旋转角度，即可完成。

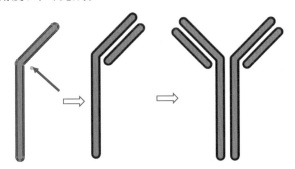

**图 6-63 抗体的绘制**

（26）绘制 NLRP3 炎症小体，选择【矩形工具】→【椭圆工具】进行绘制。借助【多边形工具】绘制一个七边形，作为轮廓。在七边形的边上放置圆角矩形，顶点处放置椭圆，拾取原图颜色，如图 6-64 所示。

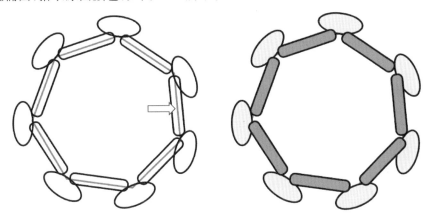

**图 6-64 NLRP3 炎症小体的轮廓绘制**

（27）绘制内部的结构，使用【矩形工具】绘制圆角矩形，进行拼接，然后编组，右击，选择【变换】→【旋转】，复制 6 份出来，如图 6-65 所示。

（28）借助绘制好的 SARS-CoV-2 病毒，复制出 5 份来，放在需要的位置，根据需要调整大小。这里不再作图展示。

（29）借助【曲率工具】绘制 ACE2、CD147?；借助【椭圆工具】绘制 GM-CSF，如图 6-66 所示。

**图 6-65　NLRP3 炎症小体的绘制**

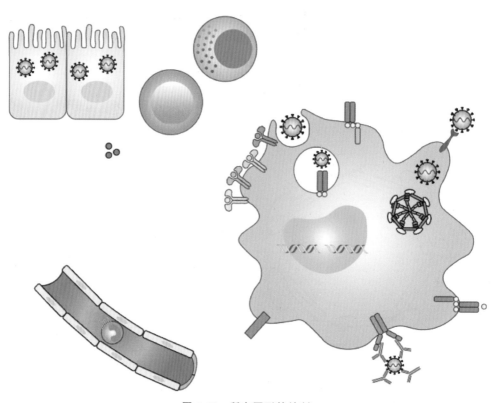

**图 6-66　所有图形的绘制**

（30）使用【文字工具】，完成所有的文字部分，如图 6-67 所示。

（31）使用【直线段工具】和【矩形工具】，完成所有的箭头和线条部分，如图 6-68 所示。需要注意的是，一些箭头可以借助基本几何图形和剪刀工具来完成。至此，该图就全部绘制完成了。

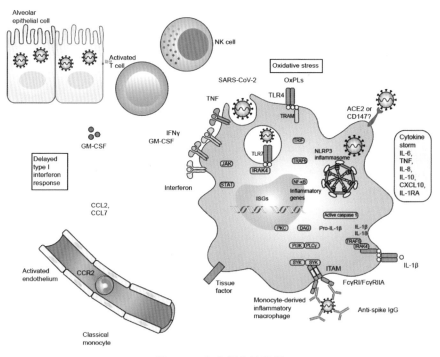

图 6-67 文字部分的编辑

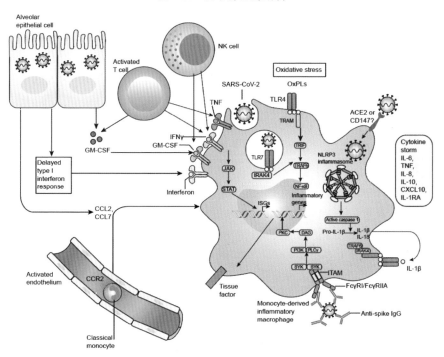

图 6-68 线条和箭头部分的绘制

## 6.3 *Immune response in COVID -19*：*what is next*？机理图的绘制

### 6.3.1 阅读图片

基于各种病毒突变和不断演变的疾病表现以及免疫反应的改变,特别是先天免疫反应、中性粒细胞胞外陷阱、体液免疫和细胞免疫,对不同类型的疫苗诱导特异性免疫的独特性质进行研究,SARS-CoV-2 蛋白靶向的 IFN 产生信号通路,基于早期被抑制的 RIG-I/MDAS-MAVS 信号和晚期细胞质微核激活的 cGAS-STING信号,导致 SARS-CoV-2 感染诱导了一种延迟的 IFN 反应。

### 6.3.2 分析思路

(1)大致浏览全图。本图总体来说是由左右两部分组成的,最上边是细胞膜,左侧是物质的生物学反应,右侧是细胞核以及内质网之间的物质反应。

(2)宏观分析。细胞膜需要借助几何图形,选择【曲率工具】以及【画笔工具】。内质网需要用到【路径查找器】,DNA 双螺旋结构需要用到之前所学的知识。

(3)细节分析。细胞核与内质网有明显的立体感,该图也有 SARS-CoV-2 病毒,但是呈现方式不同。

(4)色彩模式分析。本图整体颜色搭配明快舒畅,柔和大方。

### 6.3.3 使用 Adobe Illustrator 软件绘制

(1)创建新建文档,设置大小为 A4,颜色模式为 RGB。选择【文件】→【置入】,选择绘制的原图,置入后,调整到合适大小,锁定图片,便于后续操作,锁定目标对象快捷键为"Ctrl+2",如图 6-69 所示。

(2)绘制细胞膜,绘制 SARS-CoV-2 病毒,选择【椭圆工具】,按住 Shift 键绘制正圆,大小和原图一样。复制粘贴在上方,选择【描边面板】,设置为虚线,并将虚线和间隙都设置为 4 pt,如图 6-70 所示。

(3)选择【多边形工具】绘制三角形,使用【直接选择工具】将顶点变为有弧度的曲线。选择【椭圆工具】绘制正圆,放置在三角形上合适的位置,选择【吸管工具】吸取原图颜色,具体如图 6-71 所示。

(4)将上边绘制好的部分放置在一起,复制一份糖蛋白出来,放置在垂直直径的另一端,编组,右击,选择【变换】→【旋转】,设置旋转选项卡,快捷键为"Ctrl+D",连续按 4 次,如图 6-72 所示。

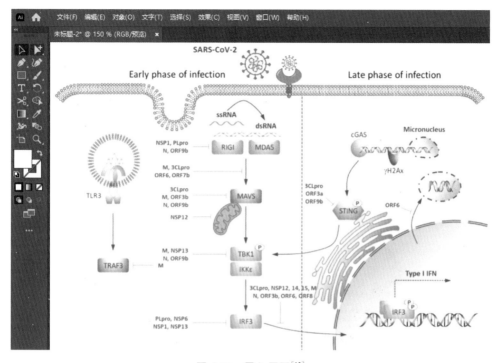

图 6-69 置入原图[12]

图 6-70 SARS-CoV-2 病毒细胞膜的绘制

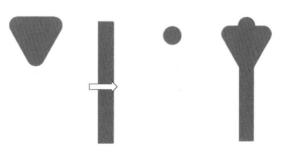

图 6-71 糖蛋白的绘制

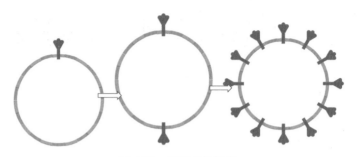

图 6-72　糖蛋白的绘制

（5）选择【曲率工具】和【椭圆工具】绘制细胞核,吸取原图颜色,如图 6-73 所示。

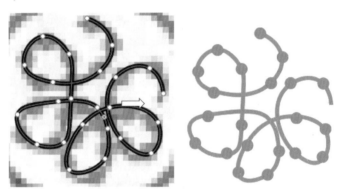

图 6-73　病毒细胞核的绘制

（6）绘制识别病毒的受体,选择【椭圆工具】绘制两个椭圆,这两个椭圆的位置和大小不一样,再绘制一个正圆,放置成原图的样子,选中上边的椭圆和正圆,选择【路径查找器】→【分割】,右击,取消编组,去除没用的部分。然后再将该图形与下面的椭圆选中,选择【联集】,即可绘制出受体,吸取原图颜色即可,具体如图 6-74 所示。

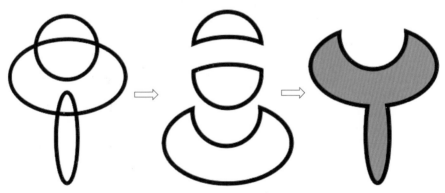

图 6-74　受体的绘制

（7）绘制细胞膜,绘制最小的结构单元(具体操作详见 5.2 节),编组,单击【窗口】→【画板】→【图案画笔】,如图 6-75 所示。

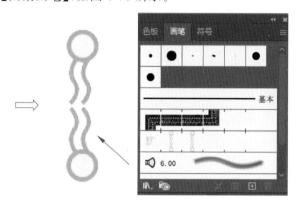

图 6-75　图案画笔的设置

（8）使用【曲率工具】绘制原图细胞膜走向的曲线,并将曲线复制一份出来,备用。

（9）选择刚才设置好的【图案画笔】,即可出现细胞膜,如图 6-76 所示。

图 6-76　细胞膜的绘制

（10）绘制背景色,选择【矩形工具】来完成,将上一步复制出来的曲线放置在矩形上部合适的位置,一起选中,选择【路径查找器】→【分割】,得到不规则的背景。如图 6-77 所示。

图 6-77　不规则背景的设置

(11) 使用【椭圆工具】绘制一个正圆,选择上一步设置好的【图案画笔】,即可出现 TLR3 作用的细胞膜,如图 6-78 所示。

(12) ssRNA 和 dsRNA 的绘制,如图 6-79 所示,这里不再赘述,详见 5.1 节。

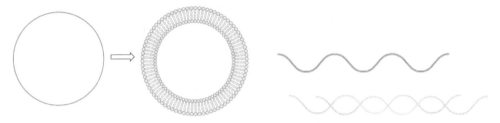

图 6-78　正圆细胞膜的绘制　　　　　　图 6-79　ssRNA 和 dsRNA 的绘制

(13) cGAS 的绘制,选择【椭圆工具】绘制一个正圆,选择【多边形工具】绘制一个正三角形,将正三角形的顶点和圆心重合,该顶点到底边的中线等于圆的半径,然后一起选中,选择【路径查找器】→【分割】,右击,取消编组,剔除其他部分,即可获得 cGAS,具体如图 6-80 所示。

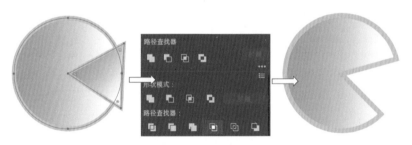

图 6-80　cGAS 的绘制

(14) DNA 双螺旋的绘制,如图 6-81 所示,这里不再赘述,详见 5.1 节。

图 6-81　DNA 双螺旋结构

(15) 绘制右下角的部分细胞,绘制一个正圆和第二块背景,选择【路径查找器】→【分割】,即可得到部分细胞,吸取原图颜色,并设置渐变模式,去掉描边。然后使用【直线段工具】绘制一条直线,复制一条出来,放置在合适的位置,按照原图进行摆放,可以借用【曲率工具】将直线设置一定的弯度。如图 6-82 所示。

(16) 使用【曲率工具】绘制核糖体,设置渐变模式,如图 6-83 所示。

(17) 其他细节的部分较为简单,这里不再赘述,如图 6-84 所示。

(18) 使用【文字工具】编辑所有的文字,注意有的文字有背景框,如图 6-85 所示。

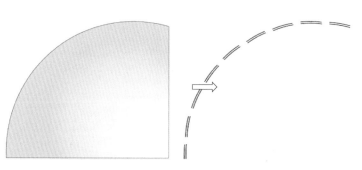

图 6-82　部分细胞的绘制

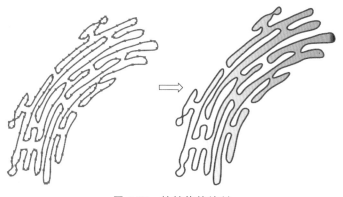

图 6-83　核糖体的绘制

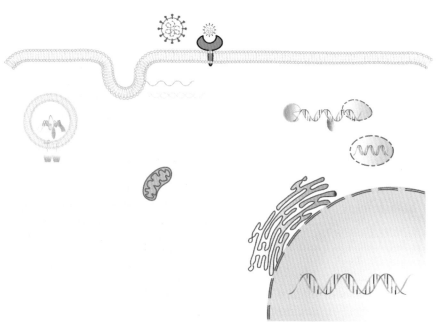

图 6-84　细节部分的绘制

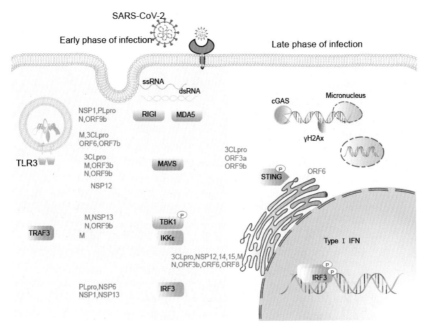

图 6-85　文字部分的编辑

（19）使用【直线段工具】，借助基本几何图形，绘制所有的箭头，如图 6-86 所示。到此，就完成了这张图的全部绘制。

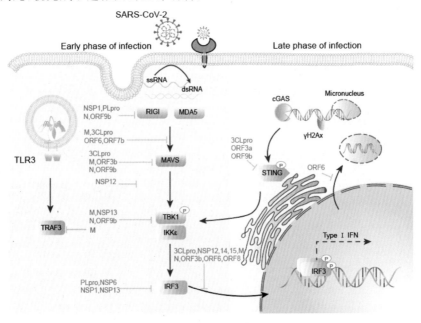

图 6-86　箭头部分的绘制

## 6.4 *Transcriptomic analysis of testis and epididymis tissues from Banna mini-pig inbred line（BMI）boars with single-molecule long-read sequencing* 图文摘要的创作

近年来,越来越多的期刊要求在文章正文前面插一张"图文摘要",即 Graphical Abstract,以可视化的形式简洁清晰地呈现学术文章的要点,其目的和视频摘要一样,并非为了取代原始研究论文,而是旨在吸引读者的注意力,使读者更清晰明了地理解论文的主要内容。最初,一般称其为"图形摘要",但图文摘要里面不可能一个文字都没有,所以翻译成"图文摘要"更加贴切。图文摘要的作用类似于论文的摘要,但是不必如同摘要那样详细,更多的是将文中的亮点或者吸引人的中心点凸显出来,达到吸引读者和推销作用。它可以是文章的结论图,也可以是专门重新设计的图,便于读者一目了然地捕捉文章的内容。随着科学研究内容越来越深化和复杂,用恰当的图片展示科研内容会让复杂抽象的科学内容更容易理解并具有传播力。投稿时提供 Graphical Abstract 的稿件是编辑和审稿人(Reviewer)快速了解论文基本内容的绝佳途径。图文摘要需要做到形象且容易理解,让读者快速掌握写的是什么;关注亮点和中心点,不必像文字摘要那样概括全篇,展示亮点或中心思想即可;顺序有致,色调美观,字体一致,给人精致感;借鉴优秀期刊,提高图文摘要专业性,可有效提升科研论文的录用率。一般情况下,只要是可以画图的软件,都可以用来制作图文摘要,区别就在于难和易、专业和非专业了。一般制作图文摘要的软件,可以搭配使用也可以单独使用。目前比较流行的是 PS 和 AI(Adobe 旗下的两个绘图软件),可以对图片进行精确绘制和再加工。

国际顶刊 *Cell* 对图文摘要表述为"The graphical abstract is one single panel image that is designed to give readers an immediate understanding of the take home message of the paper. Its intent is to encourage browsing，promote interdisciplinary scholarship，and help readers quickly identify which papers are most relevant to their research interests.",即图文摘要是让读者快速理解论文重要信息的一幅图,其目的是鼓励浏览,促进跨学科的学术研究,并帮助读者快速识别那些与他们的研究兴趣最相关的信息。Elsevier 出版社对 Graphical Abstract 的要求:"The Graphical Abstract should summarize the contents of the paper in a concise，pictorial form designed to capture the attention of a wide readership. Authors must provide images that clearly represent the work described in the paper."简言之,图文摘要应该用简明的图片形式总结文章的内容,广泛吸引读者。

优秀的 Graphical Abstract 应具备独特性、清晰性、简洁性，且重点突出。图文摘要应符合科研读者的阅读习惯，需要展现的内容应遵循"自上而下"或"由左及右"的顺序。图中展示的图像或符号应直观，读者通过图片可以清晰地明白研究的关键信息。图文摘要是作者向编辑和审稿人展示自己研究成果的重要机会，也是同读者进行沟通的重要媒介渠道，因此图文摘要应区别于稿件正文和附件中的图片和表格，以更加宏观的角度反映研究的整体情况和主要科学发现。图文摘要应具有简洁性，应使用简洁的符号和文字，不宜使用过多的符号和内容，图片的配色应简洁美观，尽量不用太多不同的颜色，也不用过于鲜艳的颜色。同时，图文摘要应高度概括论文中的研究内容和主要创新点，避免太多冗余的元素和内容，导致整张图片无重点。

对于初学者而言，由于缺乏科研绘图的基本功以及经验，当期刊要求提交 Graphical Abstract 时，经常表现出无所适从或应付了事的态度，失去了展示自己文章的宝贵机会，会导致文章的录用率下降。那么如何绘制出高级的 Graphical Abstract 呢？

（1）站在巨人的肩膀上，可以看得更远，优秀的 Graphical Abstract 也是有规律可借鉴的。在平时的文献阅读中应注意观察已发表文章的 Graphical Abstract，尤其是国际顶级期刊的配图。在绘制时，也可以多查阅、学习和模仿相应的表现顺序和布局等。

（2）选择合适的绘图工具，PPT、Adobe Photoshop 和 Illustrator 都是常用的绘图工具，但需要丰富的绘图经验才能绘制出精美的 Graphical Abstract。同时也有许多针对科研绘图的专业平台，如顶级期刊 CNS 都在用的 BioRender 等，优点是有大量精美的模板和元素可供使用，操作简单易上手，制作的图片精美；缺点是这类网站和软件通常需要付费。应根据自己的实际情况，综合选择合适的绘图工具。

（3）不断修改和完善。好的图是改出来的，在刚开始制作 Graphical Abstract 时可以不用追求完美，将重点放在如何展现文章的主要发现和创新点上，做好整体布局。在绘制好初稿后，不断进行调整修改，直至打磨出满意的 Graphical Abstract。

## 6.4.1　阅读图片

在哺乳动物中，睾丸和附睾是雄性哺乳动物雄激素产生、精子发生、精子运输以及精子成熟的关键器官。文章介绍了一种猪（版纳微型猪近交系的）睾丸和附睾的单分子实时测序结果，发表在期刊 *Biology of Reproduction* 上，图 6-87 是由本书的两位主编共同探讨创作，并用 Adobe Illustrator 软件绘制的图文摘要，操作步骤如下。

图 6-87　　图文摘要[13]

## 6.4.2　分析思路

（1）大致浏览全图。本图是由两个大小不同的同心圆组成。大圆为渐变填充，且等分为 8 个部分（寓意八卦），小圆用太极图做背景。两个圆均设置了一定的透明度。

（2）宏观分析。图中含有什么元素，可以使用什么工具解决。本图主要是正圆这一基本几何图形，可以使用【椭圆工具】来完成，相对比较简单。8 个部分的小图是原文中一些重要数据的展示，这里不再赘述其原始数据以及图片制作过程（学习过程中可以忽略）。

（3）细节分析。大圆外圈有正圆的流线型箭头，这些箭头不仅有渐变效果，而且头尾粗细不一致。可以使用【渐变工具】和【宽度工具】实现。箭头旁边的文字标注，可以使用【文字工具】实现，但需要注意文字的走向，上半个圆文字走向为顺时针，而下半个圆的文字走向为逆时针。

（4）色彩模式分析。可以选择原图片的颜色搭配，也可以自行搭配。这里先考虑原图色彩，大圆和小圆都比较柔和且舒服，需要用到【透明度面板】。

### 6.4.3 使用 Adobe Illustrator 软件绘制

（1）创建新建文档，设置大小为 A4，颜色模式为 RGB。选择【椭圆工具】，按住 Shift 键，绘制大正圆。按住 Alt 键，锁定圆心，绘制小正圆。如图 6-88 所示。这里的正圆填充和描边颜色以及描边粗细不做要求。将图 6-88 复制一份出来，备用。

（2）选择【直线段工具】，借助 Shift 键绘制四条直线，分别穿过圆心，先按住 Shift 键水平绘制一条直线，当出现粉色智能参考线时进行绘制，就可以使其穿过圆心，绘制好后，右击，选择【变换】→【旋转】，在旋转选项卡中，选择 90°，然后复制，即可出现垂直的、穿过圆心的直线段；同样的方法，绘制两条角度为 45°和 135°的直线段，并且都穿过圆心，如图 6-89 所示。将该图复制出一份，备用。

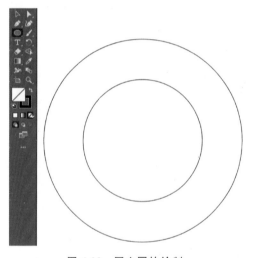

图 6-88　同心圆的绘制

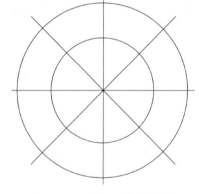

图 6-89　45°和 135°的直线段

（3）全部选中，属性栏中选择【路径查找器】→【分割】，右击，选择【取消编组】，去除小圆内多余的部分，将其余部分编组，快捷键为"Ctrl＋G"，如图 6-90 所示。

（4）进行颜色设置，选择【渐变工具】，选用线性渐变模式，角度设置为 90°，在中间添加颜色块，两边选择深紫色（R＝96，G＝25，B＝134，♯601986），中间选择蓝色（R＝3，G＝110，B＝184，♯036EB8），如图 6-91 所示。

（5）双击颜色块，将透明度都改为 40%，如图 6-92 所示。

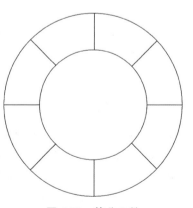

图 6-90　等分 8 份

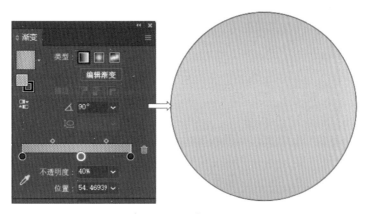

图 6-91    渐变填充的设置

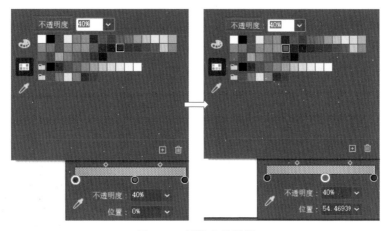

图 6-92    透明度的设置

（6）将填充好渐变颜色的正圆与八等分圆完全重合，选择【对齐面板】中的【垂直居中对齐】和【水平居中对齐】，置于顶层，并选择【描边面板】，将线条颜色改为白色，粗细改为 2 pt，如图 6-93 所示。

（7）此时，发现同心圆内部也有填充色，再次全部选中，选择【路径查找器】→【分割】，如图 6-94 所示。

（8）取消编组，将内部小圆放置在旁边备用，此时会发现在第（6）步设置好的白色线条又变成黑色了，这里需要再次设置为白色，粗细为 2 pt，如图 6-95 所示。

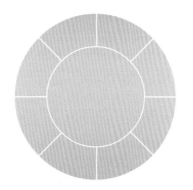

图 6-93    渐变填充与正圆八等份叠加

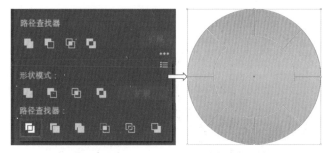

图 6-94　分割小圆

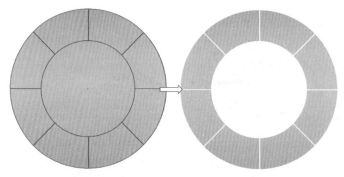

图 6-95　去除小圆

（9）利用第（8）步的小圆，绘制本图中心位置的太极图。将小圆改为黑色填充，无描边。显示标尺，快捷键是"Ctrl＋R"，拉出参考线，然后以该圆的 1/4 直径为半径画正圆，填充色为白色，如图 6-96 所示。

（10）选择【剪刀工具】，将图 6-96 的两个圆沿水平直径剪开，剪刀一定是剪在路径或者锚点上的，端点位置不可用，分别分为上下两个半圆，如图 6-97 所示。

（11）移动下半个小正圆的位置，将上半个大半圆更改为白色填充，上半个小半圆更改为黑色填充，如图 6-98 所示。

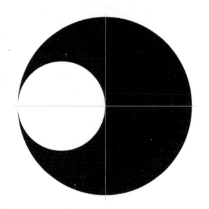

图 6-96　正圆的绘制

（12）将绘制好的太极图编组，右击，选择【变换】→【旋转】，在旋转选项卡中设置旋转角度为 270°，如图 6-99 所示。

（13）在垂直直径上绘制两个小圆点，圆心穿过直径，白色部分绘制黑色的，黑色部分绘制白色的，并调整透明度为 25％，如图 6-100 所示。

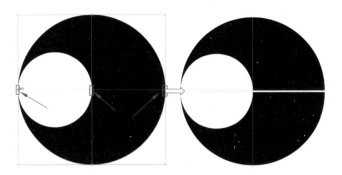

图 6-97　剪切两个正圆

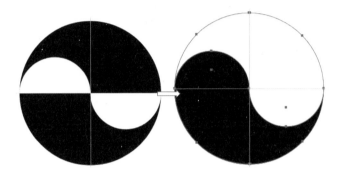

图 6-98　太极图轮廓的绘制

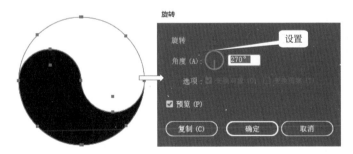

图 6-99　旋转

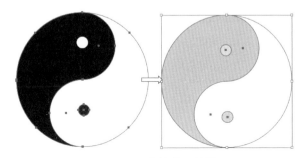

图 6-100　完整的八卦图

（14）借助最开始绘制的大圆，使用【剪刀工具】，将大圆周长分为 8 等分，并选择【描边面板】添加箭头，粗细设置为 12 pt，此时箭头头部较大，将比例缩小为 30%，如图 6-101 所示。

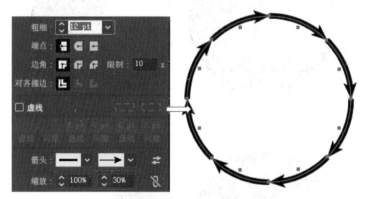

图 6-101　流线形箭头的绘制

（15）对箭头进行设置，首先更改颜色，选择【渐变工具】，选择线性渐变模式，添加颜色块，两边为橘色（R＝234，G＝85，B＝20，♯EA5514），中间为灰色（R＝247，G＝248，B＝248，♯F7F8F8），如图 6-102 所示。

（16）使用【宽度工具】将箭头的尾部缩小，或者头部放大，如图 6-103 所示。

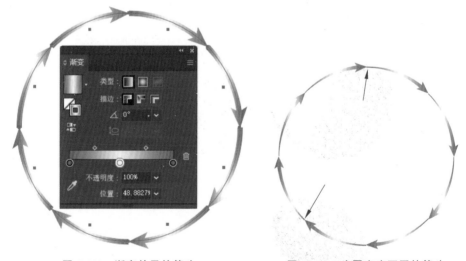

图 6-102　渐变效果的箭头　　　　　　图 6-103　头尾宽度不同的箭头

（17）将之前数据分析的元素【置入】，调整到合适大小，放置在相应的位置上，如图 6-104 所示。

图 6-104 置入图片

（18）借助最开始的大圆，选择【剪刀工具】，沿着水平直径剪断，选中上半部分，选择【文字工具】中的【路径文字工具】，将注释文字输入，如图 6-105 所示。

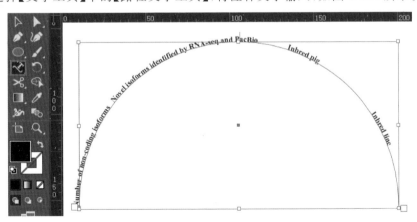

图 6-105 上半圆的文字注释

（19）下半圆的文字，同样使用【路径文字工具】，但结果不是我们需要的，因为我们需要上半圆的文字顺时针，下半圆的文字逆时针，如图 6-106 所示，此时需要做一个转变，将小竖线向内拖就可以了。

（20）全部组合在一起，就完成 Graphical Abstract 的绘制，如图 6-87 所示。

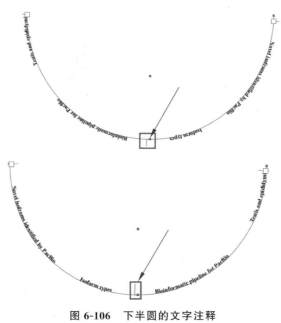

图 6-106　下半圆的文字注释

## 本章小结

随着我国科技综合实力的提升，Adobe Illustrator 作图已经成为科研工作者的一项基本技能。高级的科研插图可以提升文章的整体质量，科研工作者可以根据自己的专业选取适合的图片进行临摹，比如临摹期刊 *Cell*、*Nature* 和 *Science* 的文章图，在创作中思考，熟练掌握 Adobe Illustrator 2022 的基本操作，通过大量的例子实战练习巩固。在临摹的过程中，一定要认真分析图片的整体、局部、元素、配色、效果、亮点以及细节等，仔细琢磨，尽可能实现一模一样的效果。这一过程并非抄袭，而是通过分析思考并解决问题，来巩固并提升综合作图能力。对于图片需要展示出什么效果，用什么技术来实现，临摹这一过程确实可以起到事半功倍的效果，并且对独立创作也有很大的帮助。有了好的创作灵感，结合自己的专业知识，借助 Adobe Illustrator 技术随心所欲地绘制形象逼真的符合高级别期刊的图片是广大科研工作者追求的目标。

# 附 录

# 快捷键汇总

## 1. 文件【F】

| | |
|---|---|
| 新建 | Ctrl＋N |
| 从模板中新建 | Shift＋Ctrl＋N |
| 打开 | Ctrl＋O |
| 关闭 | Ctrl＋W |
| 关闭全部 | Alt＋Ctrl＋W |
| 存储 | Ctrl＋S |
| 存储为 | Shift＋Ctrl＋S |
| 存储副本 | Alt＋Ctrl＋S |
| 置入 | Shift＋Ctrl＋P |
| 文档设置 | Alt＋Ctrl＋P |
| 文件信息 | Alt＋Shift＋Ctrl＋I |
| 打印 | Ctrl＋P |
| 退出 | Ctrl＋Q |

## 2. 编辑【E】

| | |
|---|---|
| 还原清除 | Ctrl＋Z |
| 重做 | Shift＋Ctrl＋Z |
| 剪切 | Ctrl＋X |
| 复制 | Ctrl＋C |
| 粘贴 | Ctrl＋V |
| 贴在前面 | Ctrl＋F |

| | |
|---|---|
| 贴在后面 | Ctrl＋B |
| 就地粘贴 | Shift＋Ctrl＋V |
| 在所有画板上粘贴 | Alt＋Shift＋Ctrl＋V |
| 快速复制粘贴 | 选中对象 Alt＋鼠标左键 |
| 颜色设置 | Shift＋Ctrl＋K |
| 键盘快捷键 | Alt＋Shift＋Ctrl＋K |
| 删除所选对象 | delete |

### 3. 对象【O】

| | |
|---|---|
| 变换-再次变换 | Ctrl＋D |
| 变换-移动 | Shift＋Ctrl＋M |
| 变换-旋转 | R |
| 变换-镜像 | E |
| 变换-缩放 | S |
| 变换-倾斜 | H |
| 变换-分别变换 | Alt＋Shift＋Ctrl＋D |
| 排列-置于顶层 | Shift＋Ctrl＋] |
| 排列-前移一层 | Ctrl＋] |
| 排列-后移一层 | Ctrl＋[ |
| 排列-置于底层 | Shift＋Ctrl＋[ |
| 对齐-水平左对齐 | L |
| 对齐-水平居中对齐 | C |
| 对齐-水平右对齐 | R |
| 对齐-垂直顶对齐 | T |
| 对齐-垂直居中对齐 | A |
| 对齐-垂直底对齐 | B |
| 编组 | Ctrl＋G |
| 取消编组 | Shift＋Ctrl＋G |
| 锁定 | Ctrl＋2 |
| 全部解锁 | Alt＋Ctrl＋2 |
| 隐藏所选对象 | Ctrl＋3 |
| 显示全部 | Alt＋Ctrl＋3 |
| 路径-连接 | Ctrl＋J |
| 路径-平均 | Alt＋Ctrl＋J |
| 路径-轮廓化描边 | U |

| | |
|---|---|
| 路径-偏移路径 | O |
| 路径-反转路径方向 | E |
| 路径-简化 | M |
| 路径-添加锚点 | A |
| 路径-移去锚点 | RD |
| 路径-分割下方对象 | D |
| 路径-分割为网格 | S |
| 路径-清理 | C |
| 形状-转换为形状 | C |
| 形状-扩展形状 | E |
| 图案-建立 | M |
| 图案-编辑图案 | Shift＋Ctrl＋F8 |
| 图案-拼接边缘颜色 | T |
| 混合-建立 | Alt＋Ctrl＋B |
| 混合-释放 | Alt＋Shift＋Ctrl＋B |
| 混合-混合选项 | O |
| 混合-扩展 | E |
| 混合-替换混合轴 | S |
| 混合-反向混合轴 | V |
| 混合-反向堆叠 | F |
| 封套扭曲-用变形建立 | Alt＋Shift＋Ctrl＋W |
| 封套扭曲-用网格建立 | Alt＋Ctrl＋M |
| 封套扭曲-用顶层对象建立 | Alt＋Ctrl＋C |
| 封套扭曲-释放 | R |
| 封套扭曲-封套选项 | O |
| 封套扭曲-扩展 | X |
| 封套扭曲-编辑内容 | E |
| 透视-附加到现用平面 | A |
| 透视-通过透视释放 | R |
| 透视-移动平面以匹配对象 | M |
| 透视-编辑文本 | E |
| 实时上色-建立 | Alt＋Ctrl＋X |
| 实时上色-合并 | M |
| 实时上色-释放 | R |

| 实时上色-间隙选项 | G |
|---|---|
| 实时上色-扩展 | E |
| 图形描摹-建立 | M |
| 图形描摹-建立并扩展 | K |
| 图形描摹-释放 | R |
| 图形描摹-扩展 | E |
| 剪切蒙版 | M |
| 复合路径 | O |
| 画板-转化为画板 | C |
| 画板-重新排列所有画板 | E |
| 画板-适合图稿边界 | B |
| 画板-适合选中的图稿 | S |
| 图表-类型 | T |
| 图表-数据 | D |
| 图表-设计 | E |
| 图表-柱形图 | C |
| 图表-标记 | M |

## 4. 文字【T】

| 大小 | Z |
|---|---|
| 字形 | G |
| 类型转换 | V |
| 区域文字选项 | A |
| 路径文字 | P |
| 复合字体 | I |
| 避头尾法则设置 | K |
| 标点挤压设置 | J |
| 串联文本 | T |
| 适合标题 | H |
| 查找/替换字体 | N |
| 更改大小写-大写 | U |
| 更改大小写-小写 | L |
| 更改大小写-词首大写 | T |
| 更改大小写-句首大写 | S |
| 智能标点 | U |

| | |
|---|---|
| 创建轮廓 | O |
| 视觉边距对齐方式 | M |
| 插入特殊字符-符号 | S |
| 插入特殊字符-连字符或破折号 | H |
| 插入特殊字符-引号 | Q |
| 插入空白字符-全角空格 | Shift＋Ctrl＋M |
| 插入空白字符-半角空格 | Shift＋Ctrl＋N |
| 插入空白字符-微间隔 | H |
| 插入空白字符-窄间隔 | Alt＋Shift＋Ctrl＋M |
| 插入分隔符-强行换行符 | L |
| 显示隐藏字符 | Alt＋Ctrl＋I |

## 5. 选择【S】

| | |
|---|---|
| 全部 | Ctrl＋A |
| 现用画板上的全部对象 | Alt＋Ctrl＋A |
| 取消选择 | Shift＋Ctrl＋A |
| 重新选择 | Ctrl＋6 |
| 反向 | I |
| 上方的下一个对象 | Alt＋Ctrl＋] |
| 下方的下一个对象 | Alt＋Ctrl＋[ |
| 相同-形状和文本 | S |
| 相同-外观属性 | B |
| 相同-混合模式 | B |
| 相同-填色和描边 | R |
| 相同-填充颜色 | F |
| 相同-不透明度 | O |
| 相同-描边颜色 | S |
| 相同-描边粗细 | W |
| 相同-图形样式 | T |
| 相同-形状 | P |
| 相同-符号实例 | I |
| 相同-链接块系列 | L |
| 相同-文本 | T |
| 相同-字体系列 | N |
| 相同-字体系列和样式 | T |

| | |
|---|---|
| 相同-字体系列、样式和大小 | M |
| 相同-字体大小 | Z |
| 相同-文本填充颜色 | E |
| 相同-文本描边颜色 | X |
| 相同-文本填充和描边颜色 | K |
| 对象-同一图层上的所有对象 | A |
| 对象-方向手柄 | D |
| 对象-画笔描边 | B |
| 对象-剪切蒙版 | C |
| 对象-游离点 | S |
| 对象-所有文本对象 | A |
| 对象-点状文字对象 | P |
| 对象-区域文字对象 | A |
| 存储所选对象 | S |
| 编辑所选对象 | E |

## 6. 效果【C】

| | |
|---|---|
| 应用上一个效果 | Shift＋Ctrl＋E |
| 上一个效果 | Alt＋Shift＋Ctrl＋E |
| 变形-弧形 | A |
| 变形-下弧形 | L |
| 变形-上弧形 | U |
| 变形-拱形 | H |
| 变形-凸出 | B |
| 变形-凹壳 | O |
| 变形-凸壳 | P |
| 变形-旗形 | G |
| 变形-波形 | W |
| 变形-鱼形 | F |
| 变形-上升 | R |
| 变形-鱼眼 | Y |
| 变形-膨胀 | I |
| 变形-挤压 | S |
| 变形-扭转 | T |
| 扭曲和变换-变换 | T |

| | |
|---|---|
| 扭曲和变换-扭拧 | K |
| 扭曲和变换-扭转 | W |
| 扭曲和变换-收缩和膨胀 | P |
| 扭曲和变换-波纹效果 | Z |
| 扭曲和变换-粗糙化 | R |
| 扭曲和变换-自由扭曲 | F |
| 路径-偏移路径 | P |
| 路径-轮廓化对象 | O |
| 路径-轮廓化描边 | S |
| 路径查找器-相加 | A |
| 路径查找器-交集 | I |
| 路径查找器-差集 | E |
| 路径查找器-相减 | U |
| 路径查找器-减去后方对象 | B |
| 路径查找器-分割 | D |
| 路径查找器-修边 | T |
| 路径查找器-合并 | M |
| 路径查找器-裁剪 | C |
| 路径查找器-轮廓 | O |
| 路径查找器-实色混合 | H |
| 路径查找器-透明混合 | S |
| 路径查找器-陷印 | P |
| 转换为形状-矩形 | R |
| 转换为形状-圆角矩形 | D |
| 转换为形状-椭圆 | E |
| 风格化-内发光 | I |
| 风格化-圆角 | R |
| 风格化-外发光 | O |
| 风格化-投影 | D |
| 风格化-涂抹 | B |
| 风格化-羽化 | F |

## 7. 视图【V】

| | |
|---|---|
| 轮廓 | Ctrl＋Y |
| 在 CPU 上预览 | Ctrl＋E |

| | |
|---|---|
| 叠印预览 | Alt＋Shift＋Ctrl＋Y |
| 像素预览 | Alt＋Ctrl＋Y |
| 裁切视图 | M |
| 显示文稿模式 | S |
| 放大 | Ctrl＋＋ |
| 缩小 | Ctrl＋－ |
| 画板适合窗口大小 | Ctrl＋0 |
| 全部适合窗口大小 | Alt＋Ctrl＋0 |
| 重置旋转视图 | Shift＋Ctrl＋1 |
| 隐藏定界框 | Shift＋Ctrl＋B |
| 显示透明度网格 | Shift＋Ctrl＋D |
| 实际大小 | Ctrl＋1 |
| 隐藏渐变批注者 | Alt＋Ctrl＋G |
| 隐藏边缘 | Ctrl＋H |
| 智能参考线 | Ctrl＋U |
| 隐藏画板 | Shift＋Ctrl＋H |
| 隐藏模板 | Shift＋Ctrl＋W |
| 标尺-显示标尺 | Ctrl＋R |
| 隐藏标尺 | Ctrl＋R |
| 更改为画板标尺 | Alt＋Ctrl＋R |
| 隐藏文本串接 | Shift＋Ctrl＋Y |
| 参考线-隐藏参考线 | Ctrl＋； |
| 参考线-锁定参考线 | Alt＋Ctrl＋； |
| 建立参考线 | Ctrl＋5 |
| 释放参考线 | Alt＋Ctrl＋5 |
| 显示网格 | Ctrl＋" |
| 对齐网格 | Shift＋Ctrl＋" |
| 对齐点 | Alt＋Ctrl＋" |
| 显示透明度网格 | Shift＋Ctrl＋D |

## 8. 窗口【W】

| | |
|---|---|
| 新建窗口 | W |
| 排列 | A |
| 信息 | Ctrl＋F8 |
| 变换 | Shift＋F8 |

| | |
|---|---|
| 图形样式 | Shift＋F5 |
| 外观 | Shift＋F6 |
| 对齐 | Shift＋F7 |
| 描边 | Ctrl＋F10 |
| 渐变 | Ctrl＋F9 |
| 符号 | Shift＋Ctrl＋F11 |
| 路径查找器 | Shift＋Ctrl＋F9 |
| 透明度 | Shift＋Ctrl＋F10 |
| 颜色参考 | Shift＋F3 |

**9. 工具栏中的快捷键**

| | |
|---|---|
| 选择工具 | V |
| 钢笔工具 | P |
| 锚点工具 | Shift＋C |
| 矩形工具 | M |
| 椭圆工具 | L |
| 正方形、圆角正方形、正圆 | Shift＋鼠标左键 |
| 圆角矩形的圆角半径变大/变小 | 矩形工具＋上/下键 |
| 多边形增加/减少边数 | 多边形工具＋上/下键 |
| 直线段工具 | \ |
| 文字工具 | T |
| 橡皮擦工具 | Shift＋E |
| 剪刀工具 | C |
| 渐变工具 | G |
| 网格工具 | U |
| 直接选择工具 | A |
| 套索工具 | Q |
| 画笔工具 | B |
| 斑点画笔工具 | Shift＋B |
| 铅笔工具 | N |
| 旋转工具 | R |
| 比例缩放工具 | S |
| 镜像工具 | O |
| 缩放工具 | Z |
| 抓手工具 | H |

| | |
|---|---|
| 旋转视图工具 | Shift＋H |
| 魔棒工具 | Y |
| 画板工具 | Shift＋O |
| 添加锚点 | ＋ |
| 删除锚点 | － |
| 曲率工具 | Shift＋～ |
| 微移对象 | 上下左右键 |
| 十倍微移 | Shift＋上下左右键 |

# 参 考 文 献

[1] Day E A,Ford R J,Smith B K,et al. Metformin-induced increases in GDF15 are important for suppressing appetite and promoting weight loss[J]. Nature Metabolism,2019,1(12): 1202-1208.

[2] 朱秀昌,刘峰,胡栋. 数字图像处理与图像信息[M].北京:北京邮电大学出版社,2016.

[3] 吴娱. 数字图像处理[M].北京:北京邮电大学出版社,2017.

[4] 张枝军. 图形与图像处理技术[M].北京:北京理工大学出版社,2018.

[5] 靳乾. DICOM 医学图像转换 PNG 图像技术研究[M].包头:内蒙古科技大学出版社,2012.

[6] Liu Z P,Dai H M,Huo H L,et al. Molecular characteristics and transcriptional regulatory of spermatogenesis-related gene RFX2 in adult Banna mini-pig inbred line (BMI)[J]. Anim Reprod. 2023,20(1):e20220090.

[7] 赵筱,张霞,范俐,等.猪精子发生候选基因 PYGO2 的分离、表达和亚细胞定位研究[J].畜牧兽医学报,2021,52(09):2491-2499.

[8] Huo J L,Zhang L Q,Zhang X,et al. Genome-wide single nucleotide polymorphism array and whole-genome sequencing reveal the inbreeding progression of Banna minipig inbred line[J]. Anim Genet. 2022,53(1):146-151.

[9] 张霞,王配,梁六金,等.版纳微型猪近交系 RNF148 基因生物信息分析、组织差异表达及亚细胞定位[J].河北农业大学学报,2018,41(3):95-99.

[10] Altorki N K,Markowitz G J,Gao D,et al. The lung microenvironment:an important regulator of tumour growth and metastasis[J]. Nature Reviews Cancer,2019,19(1): 9-31.

[11] Merad M,Martin J C. Pathological inflammation in patients with COVID-19:a key role for monocytes and macrophages[J]. 2020,20(6):355-362.

[12] Li Q,Wang Y,Sun Q,et al. Immune response in COVID-19:what is next? [J]. Cell Death & Differentiation,2022,29(6):1107-1122.

[13] Wang P,Zhang X,Huo H L,et al. Transcriptomic analysis of testis and epididymis tissues from Banna mini-pig inbred line (BMI) boars with single-molecule long-read sequencing [J]. Biol Reprod,2023,108(3):465-478.